# 上海市工程建设规范

# 雨水调蓄设施技术标准

Standard for stormwater detention and retention facilities

DG/TJ 08—2432—2023

J 17002—2023

主编单位：上海市政工程设计研究总院(集团)有限公司
上海市排水管理事务中心
上海市城市排水有限公司
批准部门：上海市住房和城乡建设管理委员会
施行日期：2023 年 12 月 1 日

U0250809

同济大学出版社

2023 上海

**图书在版编目(CIP)数据**

雨水调蓄设施技术标准/上海市政工程设计研究总院(集团)有限公司,上海市排水管理事务中心,上海市城市排水有限公司主编.—上海:同济大学出版社,2023.10

ISBN 978-7-5765-0754-6

Ⅰ.①雨… Ⅱ.①上…②上…③上… Ⅲ.①雨水资源—蓄水—建筑物—设备—技术标准 Ⅳ.①TU991.34-65

中国国家版本馆 CIP 数据核字(2023)第 175703 号

## 雨水调蓄设施技术标准

上海市政工程设计研究总院(集团)有限公司
上海市排水管理事务中心                          主编
上海市城市排水有限公司

责任编辑　朱　勇
责任校对　徐春莲
封面设计　陈益平

出版发行　同济大学出版社　　www.tongjipress.com.cn
　　　　　(地址:上海市四平路 1239 号　邮编:200092　电话:021-65985622)

经　　销　全国各地新华书店
印　　刷　浦江求真印务有限公司
开　　本　889mm×1194mm　1/32
印　　张　3
字　　数　81 000
版　　次　2023 年 10 月第 1 版
印　　次　2023 年 10 月第 1 次印刷
书　　号　ISBN 978-7-5765-0754-6
定　　价　30.00 元

# 上海市住房和城乡建设管理委员会文件

沪建标定〔2023〕274 号

## 上海市住房和城乡建设管理委员会
## 关于批准《雨水调蓄设施技术标准》为
## 上海市工程建设规范的通知

各有关单位：

　　由上海市政工程设计研究总院（集团）有限公司、上海市排水管理事务中心和上海市城市排水有限公司主编的《雨水调蓄设施技术标准》，经我委审核，现批准为上海市工程建设规范，统一编号为 DG/TJ 08—2432—2023，自 2023 年 12 月 1 日起实施。

　　本标准由上海市住房和城乡建设管理委员会负责管理，上海市政工程设计研究总院（集团）有限公司负责解释。

上海市住房和城乡建设管理委员会

2023 年 6 月 1 日

# 前　言

　　为全面贯彻落实《上海市水污染防治行动计划实施方案》、《上海市城镇雨水排水规划(2020—2035年)》和《上海市污水处理系统及污泥处理处置规划(2017—2035)》等相关工作要求,提升上海的排水安全和水环境质量,根据上海市住房和城乡建设管理委员会《关于印发〈2022年上海市工程建设规范、建筑标准设计编制计划〉的通知》(沪建标定〔2021〕829号)的要求,由上海市政工程设计研究总院(集团)有限公司、上海市排水管理事务中心和上海市城市排水有限公司会同相关单位,经深入调查研究,认真总结实践经验,并参考有关国内外先进标准和要求,在广泛征求意见的基础上,编制本标准。

　　本标准的主要内容有:总则;术语和符号;水量和水质;规划布局;设计;施工和验收;运行维护。

　　各单位及相关人员在执行本标准过程中,如有意见或建议,请反馈至上海市水务局(地址:上海市江苏路389号;邮编:200050;E-mail:kjfzc@swj.shanghai.gov.cn),上海市政工程设计研究总院(集团)有限公司(地址:上海市中山北二路901号;邮编:200092;E-mail:lichunju@smedi.com),上海市建筑建材业市场管理总站(地址:上海市小木桥路683号;邮编:200032;E-mail:shgcbz@163.com),以便修订时参考。

　　**主 编 单 位**:上海市政工程设计研究总院(集团)有限公司
　　　　　　　　　上海市排水管理事务中心
　　　　　　　　　上海市城市排水有限公司
　　**参 编 单 位**:上海市水务规划设计研究院
　　　　　　　　　上海城市建设设计研究总院(集团)有限公司

上海城市排水系统工程技术研究中心

上海碧波水务设计研发中心

上海市政工程设计科学研究所有限公司

洼石环境工程(上海)有限公司

汉世德水务科技(上海)有限公司

**主要起草人:** 张　辰　陈　嫣　庄敏捷　戴勇华　吕永鹏

邹丽敏　王　盼　周娟娟　朱五星　王　捷

张爱平　冼　巍　朱　弋　谢宇铭　仲明明

李　滨　龚晓露　李春鞠　薛　颖　曹　晶

陈昱霖　王　翼　陆晓桢　张留璨　王　磊

朱霞雁　时珍宝　肖　艳　严　飞　徐旻辉

柯　杭　李云飞

**主要审查人:** 李　田　鞠春芳　张建频　陈　华　李耀良

祁继英　肖莹莹

上海市建筑建材业市场管理总站

# 目　次

# Contents

# 1 总　则

1.0.1　为保障本市排水安全、防治内涝、控制雨水径流和溢流污染、加强雨水综合利用，指导雨水调蓄设施的规划、建设和运维，制定本标准。

1.0.2　本标准适用于本市新建、改建和扩建的雨水调蓄设施的规划布局、设计、施工、验收和运行维护，不适用于应对污水峰值流量的调蓄设施。

1.0.3　雨水调蓄设施的规划和建设应以总体规划、海绵城市建设、雨水排水和污水处理等专项规划为依据，与防洪、河道水系、道路交通、园林绿地、环境保护等专项规划和设计相协调。

1.0.4　雨水调蓄设施应遵循海绵城市理念，结合城镇建设，充分利用现有自然蓄排水设施，坚持"蓝、绿、灰、管"多措并举，集中和分散相结合，水量水质并重，削峰控污并重，建设管理并重，做到安全可靠、保护环境、绿色减碳、经济合理、技术先进。

1.0.5　雨水调蓄设施的运行宜统筹实施排水系统厂-站-网一体化运行调度，通过泵站、调蓄池和排水管渠干支线联动、错峰输送、运行实时监测、模型辅助决策等手段，实现污水平稳输送，减少对污水处理厂运行的冲击。

1.0.6　雨水调蓄设施的规划布局、设计、施工、验收和运行维护，除应符合本标准外，尚应符合国家、行业和本市现行有关标准的规定。

# 2 术语和符号

## 2.1 术 语

**2.1.1** 雨水调蓄 stormwater detention and retention

雨水调节和储蓄的统称。雨水调节是指在降雨期间暂时储存一定量的雨水径流,削减向下游排放的径流峰值流量,延长排放时间,实现削峰的目的。雨水储蓄是指对径流水量或合流制溢流进行储存、滞留、沉淀、蓄渗或过滤,实现径流污染控制和回收利用的目的。

**2.1.2** 雨水调蓄设施 stormwater detention and retention facilities

具有雨水调蓄功能的设施总称。根据调蓄目的,可分为削峰调蓄设施、污染控制调蓄设施、雨水综合利用调蓄设施;根据设施类型,可分为调蓄池、调蓄管道、绿地和广场调蓄设施、内河内湖调蓄等;根据设施在雨水系统中的位置,可分为源头减排调蓄设施、雨水管渠调蓄设施和排涝除险调蓄设施;根据使用用途,可分为专用调蓄设施和兼用调蓄设施。

**2.1.3** 专用调蓄设施 dedicated stormwater detention and retention facilities

专门为雨水调蓄目的建设的雨水调蓄设施,如调蓄池和调蓄管道等。

**2.1.4** 兼用调蓄设施 multi-function stormwater detention and retention facilities

利用公共开放空间或地下空间建设的雨水调蓄设施,一般设置在地表,平时发挥设施原有功能,暴雨产生积水时发挥雨水调蓄功能,如绿地和广场调蓄、应急削峰调蓄设施。

**2.1.5 调蓄池 storage tank**

用于调蓄雨水或合流污水的封闭式地下钢混水池。

**2.1.6 调蓄管道 stormwater detention pipe**

以调蓄雨水或合流污水为主要功能的管道,一般管道直径在3 000 mm 以上。

**2.1.7 绿地和广场调蓄设施 open space storage facilities**

平时发挥设施原有景观和休闲娱乐功能,降雨时发挥源头减排雨水调蓄或削峰功能的绿地和广场,包括公园中的绿地、广场,以及运动场、停车场等敞开空间。

**2.1.8 应急削峰调蓄设施 emergency peak-flow detention facilities**

平时发挥设施原有功能,在发生超出内涝设计重现期的极端暴雨时发挥雨水调蓄功能的绿地、广场、运动场、停车场、道路等公用设施空间和内河内湖。

**2.1.9 冲洗 flushing**

采用门式冲洗、水力翻斗冲洗、水力喷射器、真空冲洗等方法释放冲洗水对调蓄池底部淤泥进行冲刷清洗的过程。

**2.1.10 真空冲洗 vacuum flushing**

调蓄池设置存水室和真空抽吸系统,利用真空虹吸效应储水,冲洗调蓄池时,开启真空破坏阀(进气阀),存水室中的冲洗水释放,对池底进行冲刷清洗的过程。

**2.1.11 内河内湖 city water bodies**

流经或位于城镇规划区,由市、区内河行政主管部门管理,具备排水、除涝、滞蓄、改善城镇生态环境等功能的河湖。

## 2.2 符 号

**2.2.1 水量**

$b$——上海市暴雨强度公式参数；

$D$——单位面积调蓄雨量；

$F$——汇水面积；

$n$——上海市暴雨强度公式参数；

$Q_i$——雨水调蓄设施上游设计流量；

$Q_o$——雨水调蓄设施下游设计流量；

$t$——降雨历时或设计降雨历时；

$T$——设计降雨过程的总持续时间；

$V$——调蓄量或雨水调蓄设施有效容积；

$V_n$——某类型源头调蓄海绵设施的调蓄总容积；

$V_i$——某类型中单一源头调蓄海绵设施的调蓄容积；

$\alpha$——脱过系数，取值为雨水调蓄设施下游和上游设计流量
之比；

$\phi_n$——某类型源头调蓄海绵设施换算成雨水管渠提标削峰
调蓄设施的容积换算系数；

$\Psi$——径流系数；

$\beta$——安全系数。

**2.2.2 调蓄池设计**

$A$——调蓄池出口截面积；

$A_t$——$t$ 时刻调蓄池表面积；

$C_d$——出口管道流量系数；

$D$——总管管径；

$g$——重力加速度；

$\Delta H$——调蓄池上下游的水力高差；

$h$——调蓄池水深；

$h_1$——放空前调蓄池水深；

$h_2$——放空后调蓄池水深；

$Q$——总管流量；

$Q'$——下游排水管渠或设施的受纳能力；

$Q_1$——调蓄池出口流量；

$t_o$——放空时间；

$V$——调蓄池有效容积；

$\eta$——排放效率。

# 3 水量和水质

## 3.1 水 量

**3.1.1** 雨水调蓄设施的设计调蓄量应根据雨水设计流量和调蓄设施的主要功能,经计算确定,宜采用数学模型法校核。当雨水调蓄设施具有多种功能时,应分别计算各种功能所需要的调蓄量,根据不同功能发挥的时序,确定取最大值或是合计值作为设计调蓄量。

**3.1.2** 用于雨水管渠提标削峰的雨水调蓄设施,其调蓄量的确定应符合下列规定:

    **1** 应根据设计要求,通过比较雨水调蓄设施上下游的流量过程线,按下式计算:

$$V = \int_0^T [Q_i(t) - Q_o(t)]dt \tag{3.1.2-1}$$

式中：$V$——调蓄量或雨水调蓄设施有效容积($m^3$)；

    $Q_i$——雨水调蓄设施上游设计流量($m^3/s$)；

    $Q_o$——雨水调蓄设施下游设计流量($m^3/s$)；

    $T$——设计降雨过程的总持续时间(s),一般取 3 600 s。

    **2** 当缺乏上下游流量过程线资料时,可采用脱过系数法,按下式计算:

$$V = 60 \cdot \left[ -\left( \frac{0.65}{n^{1.2}} + \frac{b}{t} \cdot \frac{0.5}{n+0.2} + 1.10 \right) \cdot \log(\alpha + 0.3) + \frac{0.215}{n^{0.15}} \right] \cdot Q_i t$$

$$\tag{3.1.2-2}$$

式中： $b$ ——上海市暴雨强度公式参数,取值为 7.0；

$\quad\quad n$ ——上海市暴雨强度公式参数,取值为 0.656；

$\quad\quad \alpha$ ——脱过系数,取值为雨水调蓄设施下游和上游设计流量之比；

$\quad\quad t$ ——设计降雨历时(min)；

$\quad\quad Q_i$ ——雨水调蓄设施上游设计流量($m^3/s$)。

**3** 雨水管渠提标削峰调蓄设施服务范围内已规划建设源头调蓄海绵设施时,削峰调蓄设施的调蓄量可根据海绵设施的贡献进行折减。

**3.1.3** 用于内涝防治削峰的雨水调蓄设施,其调蓄量应通过数学模型法校核积水深度和退水时间。内涝防治设计重现期应取 50 年~100 年,设计降雨雨型应根据现行上海市地方标准《治涝标准》DB31/T 1121 的相关规定确定。

**3.1.4** 用于污染控制的雨水调蓄设施,其调蓄量可按下式计算：

$$V = 10DF\Psi\beta \qquad\qquad (3.1.4)$$

式中： $D$ ——单位面积调蓄雨量(mm),源头雨水调蓄设施可按年径流总量控制率对应的单位面积调蓄雨量进行计算,强排系统合流制单位面积调蓄雨量≥11 mm、分流制单位面积调蓄雨量≥5 mm；

$\quad\quad F$ ——汇水面积($hm^2$)；

$\quad\quad \Psi$ ——径流系数；

$\quad\quad \beta$ ——安全系数,一般为 1.1~1.5。

设计时,应核算雨水调蓄设施对污染的控制效果。

**3.1.5** 用于雨水综合利用的雨水调蓄设施,其调蓄量应根据可回收利用水量经综合比较后确定。初期径流弃流量应按下垫面收集雨水的污染物实测浓度确定。当无资料时,屋面弃流量可为 2 mm~3 mm,硬质地面弃流量可为 5 mm。

**3.1.6** 兼用调蓄设施的调蓄量,应综合考虑设施原有功能和调蓄目的后确定。原有设施改建为兼用调蓄设施时,应根据设施的可调蓄水量校核设计标准是否满足调蓄量要求。当不满足要求时,可对设施进行改、扩建,但不应影响设施原有功能的发挥。

**3.1.7** 在排水系统不同位置设置多个雨水调蓄设施时,应以系统为单位进行综合分析和计算,统筹确定每个雨水调蓄设施的调蓄量,并应满足系统调蓄的总体设计和运行要求。

## 3.2 水 质

**3.2.1** 当雨水调蓄设施用于污染控制和雨水综合利用时,应确定雨水调蓄设施设计水质。设计水质应根据实测数据并结合调查资料确定,缺乏资料时可按用地性质类似的邻近区域排水系统的水质确定。

**3.2.2** 当雨水综合利用的调蓄设施出水不能满足回用水质标准时,应处理达标后回用。当同时用于多种用途时,其回用水质应按最高水质标准确定。

# 4  规划布局

**4.0.1**  雨水调蓄设施的类型应根据调蓄目的、用地条件和竖向标高等选择和确定,并应与周边建筑、绿地、广场、排水泵站、轨道交通、地下综合管廊等设施和内河内湖等天然调蓄空间统筹考虑,相互协调。

**4.0.2**  雨水调蓄设施应根据削峰和污染控制的调蓄目的,结合城镇竖向标高、用地情况和雨污水管道布局,按照先地上后地下、先浅层后深层的原则,根据需要合理设置。

**4.0.3**  雨水调蓄设施的平面布局应在排水系统整体运行评估基础上,根据调蓄目的、排水体制、管网布置、溢流管下游水位高程和周围环境等综合考虑后确定,可采用多个工程相结合的方式达到调蓄目的。设施服务范围超过 $2~km^2$ 或采用多个工程相结合达到调蓄目的时,应采用数学模型进行布局优化。

**4.0.4**  削峰调蓄设施的平面布局宜符合下列规定:

    **1**  宜布置在易积水点或需要提标的排水系统中上游。

    **2**  宜根据用地情况和总调蓄规模提出技术经济最优的调蓄设置方案。

**4.0.5**  强排区域,新建、改建地块开发项目应根据需要同步配建雨水调蓄设施,并应与周边排水系统衔接,其规模应按表 4.0.5 的要求执行。

表 4.0.5  不同土地用途下配建雨水调蓄设施的规模

| 土地用途 | 地块面积 | 配建雨水调蓄设施的规模 | 雨水调蓄设施的服务范围 |
|---|---|---|---|
| 体育、教育、公园、绿地、广场 | ≥3 ha | 9 000 m³ | 地块自身和周边地区 |
| | <3 ha | 3 000 m³/ha | |

| 土地用途 | 地块面积 | 配建雨水调蓄设施的规模 | 雨水调蓄设施的服务范围 |
|---|---|---|---|
| 商业、工业、办公、科研、文化、居住 | — | 120 m³/ha | 地块自身为主,鼓励服务周边区域 |

**4.0.6** 污染控制调蓄设施的平面布局应符合下列规定:

   **1** 结合海绵城市建设的污染控制调蓄设施应优先分散布置在源头地块。

   **2** 控制泵站放江污染时,雨水调蓄设施宜集中设置在雨水管网的下游,与雨水泵站合建或结合公用地块、道路、河道等用地的地下空间复合建设。

**4.0.7** 雨水综合利用的调蓄池宜设置在源头,采用封闭式结构。

# 5 设 计

## 5.1 一般规定

**5.1.1** 雨水调蓄设施包括调蓄池、调蓄管道、绿地和广场调蓄设施、内河内湖等,可为单一工程或多个工程的组合。

**5.1.2** 雨水调蓄设施的进、出水标高应根据调蓄目的合理设定,确保将服务范围内需要被调蓄的雨水径流引至调蓄空间。兼用调蓄设施应在确保设施发挥原有功能基础上,合理控制设施用于雨水调蓄的频次。

**5.1.3** 用于污染控制但不具备净化功能的雨水调蓄设施,其出水和清淤冲洗水,应接入污水系统。用于削峰调蓄的雨水调蓄设施,其清淤冲洗水也应接入污水系统。

**5.1.4** 用于污染控制的雨水调蓄设施出水排放至污水处理厂时,不应影响污水处理厂的正常运行。

**5.1.5** 雨水调蓄设施进水处宜设置垃圾拦截装置。

**5.1.6** 雨水调蓄池的设计应考虑施工期间的稳定性,进行抗浮验算,临河或建于坡地时应进行抗滑、抗倾覆稳定验算。

**5.1.7** 雨水调蓄设施应设置警示牌并采取相应的安全防护措施。

**5.1.8** 具有渗透功能的雨水调蓄设施,应根据现行上海市工程建设规范《海绵城市建设技术标准》DG/TJ 08—2298 的相关规定采取防渗措施。

**5.1.9** 位于地下且人员经常进入操作维护的空间应设置疏散通道,其设置应符合现行国家标准《消防设施通用规范》GB 55036 和《建筑设计防火规范》GB 50016 的相关规定。

## 5.2 调蓄池

**5.2.1** 结合现状条件，调蓄池宜通过合理设计同步发挥污染控制和削峰功能。

**5.2.2** 调蓄池根据是否有沉淀净化功能，可分为接收池、通过池和联合池三种类型。其选择应根据调蓄目的、服务面积和在系统中的位置等因素确定，并应符合下列规定：

    **1** 用于径流污染控制的调蓄池应采用接收池。

    **2** 用于分流制削峰和雨水综合利用的调蓄池可采用通过池和联合池。

**5.2.3** 调蓄池和排水管渠的连接形式应符合下列规定：

    **1** 用于削峰的调蓄池可采用与排水管渠串联或并联的形式。

    **2** 用于径流污染控制或雨水综合利用的调蓄池应采用与排水管渠并联的形式。

**5.2.4** 调蓄池应设置预处理设施，与市政设施合建的调蓄池宜利用现有预处理设施。

**5.2.5** 没有条件采用数学模型校核时，调蓄池的有效容积应符合下列规定：

    **1** 接收池的容积，应按本标准第 3.1 节的规定确定。

    **2** 通过池的容积，宜根据设计水量、污染控制目标、表面水力负荷和沉淀时间等参数计算确定，其中表面水力负荷和沉淀时间等宜通过试验确定。在无试验资料时，表面水力负荷可为 $1.5 \ m^3/(m^2 \cdot h) \sim 3.0 \ m^3/(m^2 \cdot h)$，沉淀时间可为 $0.5 \ h \sim 1.0 \ h$。

    **3** 联合池的容积，宜根据长期监测后确定的受污染雨水径流水质和水量，分别确定接收部分和沉淀净化部分的容积。

**5.2.6** 调蓄池的有效水深，应根据用地条件、类型、池型、施工条件和运行能耗等因素，经技术经济比较后确定。为集约利用建设用地,有效水深不宜小于 2.5 m。

**5.2.7** 调蓄池的池体设计应符合下列规定:

**1** 池型应根据用地条件、调蓄容积和总平面布置等因素,经技术经济比较后确定,可采用矩形、多边形和圆形等。

**2** 底部结构应根据冲洗方式确定,并应符合下列规定:

   1) 当采用门式冲洗或真空冲洗时,宜为廊道式;

   2) 当采用水力翻斗冲洗时,应为连续沟槽式,并应进行水力模型试验;

   3) 当采用水力喷射器冲洗时,设计底坡宜坡向水力喷射器;

   4) 设计底坡坡度宜为 1%~2%。

**3** 超高宜大于 0.5 m。

**5.2.8** 调蓄池的进水设计应符合下列规定:

**1** 进水可采用管道、渠道和箱涵等形式。

**2** 进水井位置应根据合流污水或雨水管渠位置、调蓄池位置、调蓄池进水方式和周围环境等因素确定,并应符合下列规定:

   1) 并联形式的调蓄池进水井可采用溢流井、旁通井等形式。

   2) 采用溢流井作为进水井时,宜采用槽式,也可采用堰式或槽堰结合式;管渠高程允许时,应采用槽式;当采用堰式或槽堰结合式时,堰高和堰长应进行水力计算,并复核其过流能力。

   3) 采用旁通井作为进水井时,应设置闸门或阀门,需要快速启闭的闸门或阀门的启闭时间应小于 2 min。闸门或阀门的止水效果应可靠。

**3** 进水可采用重力进水、水泵进水或二者相结合的形式,并应符合下列规定:

   1) 用于污染控制的调蓄池,宜采用重力进水;调蓄池最高

设计水位宜低于雨水(合流)泵站的最低水位;当调蓄池
埋深不满足重力进水要求时,应采用水泵提升进水,进
水时间宜为 0.5 h~1.0 h。

**2）**用于削峰的调蓄池,宜采用重力进水。

**3）**当采用水泵提升进水时,不应影响泵站的防汛能力。水
泵配置应根据现行上海市工程建设规范《城镇排水泵站
设计标准》DGJ 08—22 的相关规定确定。

**4**　进水应顺畅,不应产生滞流、偏流和泥沙杂物沉积。

**5**　当调蓄池进水口下沿距离池底大于等于 4 m 时,宜采取
消能措施。

**5.2.9**　调蓄池放空可采用重力放空、水泵排空或二者相结合的
方式,并应符合下列规定:

**1**　放空管管径应根据放空时间确定,且放空管排水能力不
应超过下游管渠排水能力。

**2**　采用管道就近重力出流的调蓄池,出口流量应按下式
计算:

$$Q_1 = C_d A \sqrt{2g(\Delta H)} \qquad (5.2.9\text{-}1)$$

式中:$Q_1$——调蓄池出口流量($m^3/s$);

$C_d$——出口管道流量系数,取 0.62;

$A$——调蓄池出口截面积($m^2$);

$g$——重力加速度($m^2/s$);

$\Delta H$——调蓄池上下游的水力高差(m)。

**3**　采用管道就近重力出流的调蓄池,放空时间应按下式
计算:

$$t_o = \frac{1}{3\,600} \int_{h_1}^{h_2} \frac{A_t}{C_d A \sqrt{2gh}} dh \qquad (5.2.9\text{-}2)$$

式中:$t_o$——放空时间(h);

$h_1$——放空前调蓄池水深(m);

$h_2$——放空后调蓄池水深(m);

$A_t$——$t$ 时刻调蓄池表面积($m^2$);

$h$——调蓄池水深(m)。

**4** 采用水泵排空的调蓄池,放空时间可按下式计算:

$$t_o = \frac{V}{3\,600Q'\eta} \qquad (5.2.9\text{-}3)$$

式中:$V$——调蓄池有效容积($m^3$);

$Q'$——下游排水管渠或设施的受纳能力($m^3/s$);

$\eta$——排放效率,一般取 0.3~0.9。

**5** 用于污染控制的调蓄池,在下游输送、处理能力满足要求时,放空时间宜为 12 h~48 h。用于削峰的调蓄池,应尽快放空,放空时间不宜大于 24 h。

**6** 采用水泵排空的调蓄池,排空立管垂直高度小于 10 m 时,宜采用不锈钢管或球墨铸铁管;垂直高度大于 10 m 时,应采用不锈钢管。

**7** 出水应顺畅,不应产生壅流。

**5.2.10** 调蓄池溢流设施的设计应符合下列规定:

**1** 采用水力固定堰进水方式的调蓄池应设置溢流设施。

**2** 溢流管道过流断面应大于进水管道过流断面。

**5.2.11** 调蓄池应设置清淤冲洗、通风除臭、电气仪表等附属设施和检修通道,并应配备安全防护、检测维护设备和用品。

**5.2.12** 调蓄池应根据工程特点和周边条件,选择经济、可靠的冲洗水源。

**5.2.13** 调蓄池冲洗应根据工程特点和调蓄池池型设计,并应符合下列规定:

**1** 应选用安全、环保、节能、操作方便的冲洗方式,宜采用设备冲洗等方式,可采用人工冲洗作为辅助手段。

**2** 矩形池宜采用门式冲洗、连续沟槽冲洗和真空冲洗等方式;圆形池应结合底部结构设计,并宜采用水力喷射器冲洗和径向门式冲洗等方式;不规则池型宜采用水力喷射器冲洗。

**3** 位于泵房下部的调蓄池,宜选用设备维护量低、控制简单、无需电力或机械驱动的冲洗方式。

**5.2.14** 调蓄池应根据需要设置检修通道或检修口。检修通道应符合下列规定:

**1** 检修通道设置楼梯时,楼梯宜采用钢筋混凝土结构,宽度应大于 1 100 mm,倾角应小于 40°,每个梯段的踏步应小于 18 级,并应满足防腐和安全性要求;有条件时,宜独立设置检修通道间。

**2** 检修通道应设置栏杆,地面应防滑。

**3** 检修通道不应对调蓄池冲洗产生影响。

**4** 检修通道应满足人工清除池底沉积物时的运渣要求。

**5.2.15** 调蓄池应根据设备安装和检修要求,设置设备起吊孔。设备起吊孔尺寸应按起吊最大部件外形尺寸各边加 300 mm,并应考虑立体空间的吊装和转运要求,起吊孔的盖板宜采取密封措施。

**5.2.16** 调蓄池通风井的设计应方便取样监测。

**5.2.17** 调蓄池应采取防腐措施。顶部覆土并种植绿化的调蓄池,顶板应增加耐根穿刺防护层。

**5.2.18** 调蓄池的耐火等级不应低于二级。调蓄池场地应设消防设施,并应符合现行防火规范的规定。

## 5.3 调蓄管道

**5.3.1** 调蓄管道工程的总体布置应符合下列规定:

**1** 位置和走向应根据功能需求,结合排水系统、城镇道路和河道水系等情况初步选定,并应经城市规划确认。

**2** 埋深应与地下空间规划相协调,并应根据排放条件、河道、已建地下设施、施工条件、经济水平和养护条件等因素确定。

**3** 调蓄管道工程宜与市政设施合建,用于径流污染控制时,应做除臭设计。

**5.3.2** 调蓄管道工程应由总管、入流设施、出水放空系统、控制系统和检修设施组成。

**5.3.3** 总管的设计应符合下列规定:

**1** 应根据调蓄需求,一次规划,分期实施。近期工程应考虑远期发展需要,并应预留接口。

**2** 断面形状应根据设计流量、埋设深度、工程环境条件等要求确定,一般宜选用圆形。

**3** 长度、管径、流量和流速应结合其调蓄目的、调蓄量等进行系统优化设计,并应采用水力模型对总管内水流的流速、流态进行模拟校核,必要时可设置流槽。

**4** 应合理确定冲洗和清淤的方式以及相应的设备。

**5** 应采取防渗防腐措施,并应设置小流量排水泵。

**5.3.4** 已建设施改造工程在利用前应对设施进行检测,并应经清淤、修复、防渗等措施使设施达到功能性和结构安全性后方可投入使用。

**5.3.5** 入流设施应包括截流设施、格栅等预处理设施、进水管道和进水井。

**5.3.6** 截流设施可布置在排水系统的中部或末端,并应符合下列规定:

**1** 用于径流污染控制的截流模式宜采用重力截流;调蓄管道埋深不满足重力进水时,应采用水泵提升的方式,进水时间宜为 0.5 h~1.0 h。

**2** 当采用水泵提升进水时,不应影响泵站的防汛能力。

**3** 用于削峰的调蓄管道,截流设施应采用重力进水,重力截流设施可采用溢流井、旁通井等形式。

**4** 可利用闸门、阀门等设备控制进入调蓄管道的水量。

**5.3.7** 调蓄管道与多处截流设施相连时,应在截流设施处设置流量计量和控制装置。

**5.3.8** 进水管道的设计应符合下列规定:

　　**1** 应根据水文地质条件、现状排水系统布局、进水井、管道结构形式和埋深、进出水方式和综合投资等因素确定进水管道的位置和路由。

　　**2** 宜根据设计的截流调蓄量,采用数学模型法确定管径。

　　**3** 进水管道上应设置排气装置,并应根据需要采取消能措施和设置流量控制装置。

**5.3.9** 进水井应根据截流设施和调蓄管道布置设置,距离较近的多个截流设施宜接入同一进水井。进水井应根据进水管道与总管的落差考虑采取消能措施。

**5.3.10** 出水设施的设计应符合下列规定:

　　**1** 采用管道就近重力出流的调蓄管道,出口流量按式(5.2.9-1)计算。

　　**2** 采用水泵排空的调蓄管道,提升泵站宜设在调蓄管道下游,规模根据下游输送、处理能力确定,应考虑备用泵,放空时间可按式(5.2.9-3)计算。

　　**3** 具有输送功能的调蓄管道,其提升泵站水泵规模应为各功能计算的规模之中的最大值。

　　**4** 出水口形式和出口流速,应根据受纳水体的水质要求、水体的流量、水位变化幅度、水流方向、波浪状况等因素确定。

**5.3.11** 调蓄管道工程的设计宜通过流体力学模拟或水工结构模型模拟,进行校正和优化。

**5.3.12** 调蓄管道应设置检查井(口),并应符合下列规定:

　　**1** 检查井(口)可利用施工时的工作井设置,也可结合入流设施、总管透气井设置。

　　**2** 检查井(口)设置间距可结合调蓄管道疏通方式、检修水平确定。

**3** 调蓄管道检查井（口）尺寸应根据检修人员、机械设备和清淤设施进出需求确定。

**5.3.13** 根据调蓄管道检修需求，可在管道底部设置检修平台，对于管径大于 4 000 mm 的管道宜设置检修平台。管道调蓄能力和过流能力的计算应考虑检修平台占用的空间。

**5.3.14** 内部设置检修平台的调蓄管道，应采取防腐、防滑措施，并应配套设置照明与通风系统。

**5.3.15** 矩形调蓄管道、入流设施和出水放空设施及总管附属设施中的小型构筑物宜优先选用装配式和预制一体化结构。

**5.3.16** 建设在相对标高 −20 m 以下的调蓄管道设计应符合现行国家标准《城镇雨水调蓄工程技术规范》GB 51174 中隧道调蓄工程的要求。

## 5.4 绿地和广场调蓄设施

**5.4.1** 绿地和广场调蓄设施应根据场地条件和调蓄目的等因素，按照兼用调蓄设施进行设计。

**5.4.2** 用于源头调蓄的绿地和广场，其设计应符合现行上海市工程建设规范《海绵城市建设技术标准》DG/TJ 08—2298 的相关规定。

**5.4.3** 浅层调蓄池的设计应符合下列规定：

**1** 可采用管道、箱涵或模块拼装而成。

**2** 宜设置进水井、进出水管、排泥检查井、溢流口、取水口和单向截止阀等设施。

**3** 宜具有排泥的功能。

**4** 具有渗透功能的调蓄池四周宜采用粒径 20 mm～50 mm 级配碎石包裹，调蓄池上、下碎石层厚度均应大于 150 mm。

**5** 两组调蓄池间距不应小于 800 mm。

**6** 底部设置穿孔管排水时，宜选择单位面积重量不小于

200 g/m² 的长丝土工布包裹。

**5.4.4**  用于排涝除险调蓄的下凹式绿地的设计应符合下列规定：

**1**  下凹深度应根据设计调蓄容量、绿地面积、植物耐淹性能、土壤渗透性能和地下水位等合理确定，宜为 100 mm～250 mm。

**2**  宜设置多个雨水进水口，进水口处标高宜高于汇水地面标高 50 mm～100 mm，并宜设置拦污和采取消能措施。

**3**  调蓄雨水的排空时间不应大于绿地中植被的耐淹时间。

**4**  应在绿地低洼处设置出流口并与下游排水通道相连。

**5.4.5**  用于排涝除险调蓄的下沉式广场的设计应符合下列规定。

**1**  应设置专用雨水出入口，入口处标高宜高于汇水地面标高 50 mm～100 mm，且应设置拦污装置，出水可设计为多级出水口形式。

**2**  排空设计应符合本标准第 5.2.9 条的规定，宜为降雨停止后 2 h 内排空。

**3**  应设置清淤装置和检修通道。

**5.4.6**  利用城镇公园和住宅小区等开放空间建设的兼用调蓄设施的设计应结合雨水系统、景观、竖向规划和自身建设进行设计，利用绿地和水体等发挥调蓄功能。

**5.4.7**  利用广场、运动场或停车场建设的可拆卸的小型地上雨水调蓄设施应符合下列规定：

**1**  设施建设不应影响广场、运动场或停车场原有功能的发挥。

**2**  主要功能应为削峰调蓄。

**3**  进、出水设计应符合本标准第 5.2.8 条和第 5.2.9 条的规定。

**4**  池体构件使用寿命不应低于 20 年，池壁抗渗不应低于

P6 级、结构强度应满足设计压力要求。

**5.4.8** 利用绿地、广场建设的兼用雨水调蓄设施和可拆卸的小型地上雨水调蓄设施应设置疏散通道和警示牌,并采取相应的安全防护措施,并应设置预警预报系统。

## 5.5 内河内湖调蓄工程

**5.5.1** 内河内湖的调蓄规模应在本市除涝规划的基础上,根据内涝防治设计重现期确定,并应满足各片区水面率和管控水位的要求。

**5.5.2** 用于调蓄时,内河内湖的平面布置应根据其功能定位、地形地貌、周边城镇规划、土地利用规划、区域排水除涝和水系规划、景观要求等因素确定。

**5.5.3** 内河内湖设置的滨河步道,应结合调蓄水位等因素合理设计竖向标高,充分发挥可利用的调蓄空间。

**5.5.4** 内河内湖的调蓄规模和调蓄水位确定后,对填占调蓄库容的涉水构筑物必须经过排水除涝影响论证后方可建设。

**5.5.5** 内河内湖的护岸、护坡设计应满足调蓄水位变动对结构的要求,护岸、护坡和雨水管渠出水口的结构设计应相互协调。

**5.5.6** 内河内湖宜通过构建生态护坡和陆域缓冲带等生态措施,削减进入内河内湖的雨水径流污染。

## 5.6 应急削峰调蓄设施

**5.6.1** 应急削峰调蓄设施宜结合绿地、广场、运动场、停车场、非重要的低洼道路、地下车库、退序的单建式人防设施和水体等设置,平时不应影响场地原有功能的正常使用。

**5.6.2** 应急削峰调蓄设施的设计,应综合考虑场地平时的功能用途、地形地质、安全防护、维护管理等因素,除了水体之外,应急削峰调蓄设施还应符合下列规定：

**1** 选址应满足超标雨水入流条件，并应具备临时封闭的条件。

**2** 应采取措施满足应急削峰调蓄工况下的防水、结构和电气安全。

**3** 应便于人工清淤。

**4** 应采取安全措施和设置预警预报系统，系统信号应接入交通管理和水务管理平台。

**5.6.3** 应急削峰调蓄设施的安全措施应符合下列规定：

**1** 应设置安全警示标牌和语音报警系统。

**2** 应设置人员逃生通道。

**3** 应设置围护设施。

## 5.7 电气和自控

### Ⅰ 电 气

**5.7.1** 雨水调蓄设施的负荷等级和供电方式应根据设施功能、规模和重要性合理确定。与泵站合建的雨水调蓄设施应结合泵站的负荷等级确定。

**5.7.2** 电气主接线设计应根据雨水调蓄设施的规模、用电负荷大小、运行方式、供电接线和雨水调蓄设施重要性等因素合理确定。接线应简单可靠、操作检修方便、节约工程投资。当雨水调蓄设施与泵站合建时，电气主接线设计应结合泵站统一确定。

**5.7.3** 雨水调蓄设施应急电源的设置应符合下列规定：

**1** 当采用单电源供电方式时，应结合调蓄设施的重要性、闸（阀）设备的类型、主要变配电设备的安装位置确定是否设应急电源。

**2** 兼用调蓄设施和应急削峰调蓄设施的预警预报系统、应急照明和疏散指示等用于人员或车辆安全疏散的系统和设施应设置应急电源。

**5.7.4** 电气设备布置应结合雨水调蓄设施总体布局紧凑布置且检修维护方便。

**5.7.5** 雨水调蓄设施的配电室、控制室宜采用地上式;当布置在地下室时,应采取相应的防淹防潮措施。

**5.7.6** 雨水调蓄设施可结合其场地空间布局,设置分布式光伏发电与储能消纳一体化应用装置,实现节能降碳。

Ⅱ 检测和控制

**5.7.7** 雨水调蓄设施应根据工程规模、调蓄目的、运行管理等要求确定检测和控制的内容,宜具有数字化感知、自动化控制、智能化管理的功能。

**5.7.8** 雨水调蓄设施宜采用"无人值守、远程监管、定期巡检"的控制模式,实现远程的运行监视、控制与管理。

**5.7.9** 与其他排水工程合建的雨水调蓄设施检测和控制内容应结合其他排水工程统一考虑。

**5.7.10** 城镇公共雨水调蓄设施工艺运行参数检测的设置应符合下列规定:

**1** 雨水调蓄设施出水设施和调蓄管道关键节点宜设置流量检测。

**2** 雨水调蓄设施、调蓄管道重要节点宜设置液位检测。

**3** 污染控制调蓄设施宜设置在线监测仪表,与泵站合建时宜设置在泵站。监测项目宜为悬浮物(SS)、氧化还原电位(ORP)、氨氮($NH_3-N$)、化学需氧量(COD)。

**5.7.11** 雨水调蓄设施设备运行参数检测的设置应符合下列规定:

**1** 水泵宜设置温度、泄漏、在线绝缘等监测设备,可根据运行管理需求设置泵机振动健康监测系统。

**2** 冲洗设备、除臭设备应根据处理流程要求配置过程监测设备。

　　**3**　配电间宜设置变配电设备综合监测系统。

**5.7.12**　雨水调蓄设施应设置有毒有害气体、环境监测和臭气污染物监测仪表。检测位置和检测项目应符合下列规定：

　　**1**　雨水调蓄设施密闭区域：硫化氢($H_2S$)、氨气($NH_3$)、甲烷($CH_4$)。

　　**2**　地下式雨水调蓄设施设备层：$H_2S$、$NH_3$、$CH_4$、$O_2$、温湿度，出入口应设置报警显示装置。

　　**3**　雨水调蓄设施的边界和开放区域臭味敏感点、除臭装置排气筒：$H_2S$、$NH_3$，应根据需要增加甲硫醇、臭气在线监测。

**5.7.13**　雨水调蓄设施自控系统的设置应符合下列规定：

　　**1**　大型雨水调蓄设施自动化控制系统结构宜为信息层、控制层和现场层三层结构；形式简单、设备数量少的雨水调蓄设施可为控制层和现场层两层结构。

　　**2**　设备控制宜为基本、就地和远控三种控制方式。

　　**3**　雨水调蓄设施自动化控制系统应设置工业控制网络信息安全设备。

　　**4**　雨水调蓄设施应设置和上级信息平台联络的通信接口。

**5.7.14**　雨水调蓄设施安防系统的设置应符合下列规定：

　　**1**　雨水调蓄设施应设置视频监控系统。视频监控系统分为安防视频系统和生产管理视频系统，宜遵循"本地存储，数据上传"的原则，视频图像上传上级信息平台；安防视频监视范围应包括周界、出入口和道路，生产管理视频监视范围应包括主要工艺设备、配电间、控制室等处。

　　**2**　雨水调蓄设施宜设置周界报警系统。

　　**3**　雨水调蓄设施根据运行需求可设置门禁系统和可视对讲系统，并对出入信息进行记录。

　　**4**　地下式雨水调蓄设施设备层、配电间等区域宜设置感烟报警系统。

**5** 根据运行管理需求,可设置安全报警系统、智能语音系统和紧急报警系统。

**5.7.15** 雨水调蓄设施宜设置智能化应用系统,并宜符合下列要求:

**1** 集水井、配电间等区域可设置运行参数智能识别分析系统,实现液位、电量等检测数据的智能识别。

**2** 周界、主要道路、配电间等区域可设置安全警戒智能识别分析系统,实现人员移动动态侦测。

**3** 宜设置智能照明系统。

**4** 可根据运行管理需求设置智能巡检设备。

**5.7.16** 城镇公共雨水调蓄设施监测信息应实时接入水务信息平台。

## 5.8 通风除臭

### I 通 风

**5.8.1** 当采用封闭结构的调蓄池时,应设置送排风设施。通风系统宜与除臭系统结合考虑。设计通风换气次数应根据调蓄目的、进出水量、日常维护要求、人员进出空气安全要求、有毒有害气体爆炸极限浓度、合理气流组织等因素确定。

**5.8.2** 调蓄池有人员进出的操作区可采用自然进风或机械进风方式,应采用机械排风方式,应确保人员进入期间内部空气质量满足要求。当通风系统不能满足人员进出空气质量要求时,宜设置移动式进风装置。

**5.8.3** 机械通风系统应进行风量平衡和热平衡计算。计算参数、取值和全面排风量应符合现行国家标准《工业建筑供暖通风与空气调节设计规范》GB 50019 的相关规定。

**5.8.4** 污染控制调蓄池池内和可能突然放散大量有毒气体和有爆炸危险气体的其他场所,应设置事故通风系统。事故通风机应根据相关规范要求设置防爆风机,并应采取防爆接地措施。

**5.8.5** 值班室等人员长时间停留的房间应设置在地上,并可设置满足舒适性要求、独立进风的分体空调。有温度和湿度相应需求的仪表和电气设备房间,可设置分体空调。

**5.8.6** 通风系统和空调系统的设计均应符合现行国家标准《工业建筑供暖通风与空气调节设计规范》GB 50019、《工业建筑节能设计统一标准》GB 51245、《通风与空调工程施工质量验收规范》GB 50243 和《工业企业厂界环境噪声排放标准》GB 12348 等相关规定。

## Ⅱ 除 臭

**5.8.7** 合流制系统内的调蓄池和分流制污染控制调蓄池,其透气井或排风口应设置臭气收集和除臭设施;分流制雨水削峰调蓄池,应根据周边环境敏感程度设置臭气收集和除臭设施。

**5.8.8** 调蓄池的除臭设计应符合下列规定:

**1** 调蓄池透气井口处的除臭处理风量应按每小时处理调蓄池容积1倍~2倍的臭气体积考虑;合流制系统宜采用较大值,分流制系统有除臭需求时可采用较小值;有特殊要求时,应在通风系统设备上设置应急除臭装置,其风量应结合通风系统的换气次数确定。

**2** 除臭工艺宜根据处理要求、调蓄池间歇运行特点、场地情况、投资和运行费用等因素确定,可选用一种或多种工艺组合除臭。

**3** 臭气收集宜采用负压收集,臭气吸风口的设置点应防止设备和构筑物内部气体短流。

**4** 风管宜采用玻璃钢、UPVC、不锈钢等耐腐蚀抗紫外线材料制作,风管的制作规格和安装应符合现行国家标准《通风与空调工程施工质量验收规范》GB 50243 的相关规定。

**5** 风管管径和截面尺寸应根据风量和风速确定。风管内的风速可按表 5.8.8 的规定确定。

表 5.8.8 风管内的风速(m/s)

| 风管类别 | 不锈钢 | 非金属 |
|---|---|---|
| 干管 | 6~10 | 6~14 |
| 支管 | 2~8 | |

**6** 除臭设备及其配套设施应采用耐腐蚀材料或防腐措施；室外露天设置的风机、电动机等,其防护等级不应低于 IP65；除臭风机应设置防爆接地措施。

**7** 臭气输送管道宜垂直或倾斜敷设,低点应设置耐腐蚀疏水放空阀。水平敷设时,应在水平管下部加设倾斜的冷凝水专用排水管,与水平连接间隔不宜大于 5 m。

**8** 臭气输送管道应做气密试验,系统漏风量不应大于 3%。臭气输送管道系统应进行阻力平衡计算。系统并联管路压力损失的相对差额不应超过 5%。

**9** 除臭设备及其配套设施的布置应紧凑,景观要求高时,应和周边景观相协调。

**10** 排气筒应与周边景观相协调,其位置和高度应按环境影响评价的要求执行。

**5.8.9** 调蓄管道的除臭设计应符合下列规定:

**1** 调蓄管道的进水井处和总管上应设置透气井或透气装置,并应配套除臭装置,可采用无动力吸附型除臭工艺。

**2** 调蓄管道透气井处的除臭处理风量应按透气井数量和调蓄管道入流流量确定,并应考虑安全系数。

**5.8.10** 调蓄池臭气经处理后应符合现行上海市地方标准《恶臭(异味)污染物排放标准》DB31/1025 方可排放。

# 6 施工和验收

## 6.1 土建施工

**6.1.1** 调蓄池(管道)的施工应制定专项降(排)水方案,控制降(排)水对环境的不良影响。施工过程中不得间断降(排)水。调蓄池(管道)未具备抗浮条件时,严禁停止降(排)水。

**6.1.2** 调蓄池防水层施工应在其功能性试验合格后进行,并应及时进行池壁外和池顶的土方回填施工。

**6.1.3** 调蓄管道的施工和验收应符合现行国家标准《给水排水管道工程施工及验收规范》GB 50268 的相关规定。

**6.1.4** 建筑和构筑物防腐蚀工程的施工应符合现行国家标准《建筑防腐蚀工程施工规范》GB 50212 的相关规定。

**6.1.5** 湿塘、生物滞留设施、浅层调蓄池等的施工不应损伤自然土壤的渗透能力。

**6.1.6** 内河内湖调蓄工程宜在非汛期施工,并应在汛期前施工至安全部位;需度汛时,对在建工程应采取安全度汛措施。

**6.1.7** 内河内湖调蓄工程施工应符合水利工程相关标准的要求。

## 6.2 安装工程

**6.2.1** 机械设备安装工程应符合现行国家标准《机械设备安装工程施工及验收通用规范》GB 50231 的相关规定;爆炸和火灾环境中设备安装工程应符合现行国家标准《电气装置安装工程 爆炸和火灾危险环境电气装置施工及验收规范》GB 50257 的相关

规定。

**6.2.2** 整机安装的机械设备、机械设备的动力装置或传动机构均不应在现场进行拆卸、装配和组装作业。规定在现场按部件组装的机械设备应按制造厂的定位标记作接点连接,连接精度应符合设备技术文件的规定。

**6.2.3** 在线检测仪表安装位置和方向应正确,不应少装、漏装。

**6.2.4** 控制柜应安装在干燥、光线充足、通风良好、操作维修方便、无强烈振动、无强电磁干扰、无有毒有害气体的地方。

## 6.3 质量验收

**6.3.1** 雨水调蓄池、调蓄管道和广场上建设的可拆卸的小型地上雨水调蓄设施施工完毕后应按设计要求和现行国家标准《给水排水构筑物工程施工及验收规范》GB 50141、《给水排水管道工程施工及验收规范》GB 50268 的规定进行功能性试验。

**6.3.2** 具有调蓄功能的海绵设施应满足设计要求,并应符合现行上海市工程建设规范《海绵城市设施施工验收与运行维护标准》DG/TJ 08—2370 的相关规定。

**6.3.3** 当雨水调蓄设施出水用于雨水综合利用时,应逐段检查雨水供水系统上的水池、水表、阀门、给水栓、取水口等,并应检查防止误接、误用、误饮的措施。

**6.3.4** 调蓄池的除臭系统应根据设计文件和现行上海市地方标准《城镇污水处理厂大气污染物排放标准》DB31/982、《恶臭(异味)污染物排放标准》DB31/1025 的相关要求,进行整体功能性验收。

**6.3.5** 绿地调蓄设施中具有渗透功能的设施施工完成后应进行渗透能力验收。

**6.3.6** 内河内湖调蓄工程应根据现行行业标准《水利水电建设工程验收规程》SL 223 和现行上海市工程建设规范《水利工程施

工质量验收标准》DG/T 08—90 等水利工程相关验收标准和水利
工程建设项目验收管理规定进行验收。

**6.3.7** 调蓄设施中的水泵和风机应按现行国家标准《机械设备
安装工程施工及验收通用规范》GB 50231、《风机、压缩机、泵安装
工程施工及验收规范》GB 50275 和《城镇污水处理厂工程质量验
收规范》GB 50334 的相关要求进行验收。

# 7 运行维护

## 7.1 一般规定

**7.1.1** 雨水调蓄设施应制定相应的运行管理制度、岗位操作手册、设施设备维护保养手册、档案资料管理制度和事故应急预案，并应定期修订。

**7.1.2** 雨水调蓄设施应有专人运行和维护管理，各岗位运行操作和维护人员应经过专业培训后上岗。

**7.1.3** 应对接入水务信息平台的雨水调蓄设施进行实时运行状态监测和统一调度。

**7.1.4** 根据雨水调蓄设施不同的功能，宜对设施调蓄效果进行监测和效果评价。

## 7.2 运行模式和控制

**7.2.1** 雨水调蓄设施的运行，应根据调蓄目的、降雨情况、排水系统的运行情况、河道水位情况和污水厂处理能力等因素确定。

**7.2.2** 调蓄池和调蓄管道的运行模式可分为进水模式、放空模式和冲洗模式等。

**7.2.3** 用于污染控制的调蓄池和调蓄管道可根据水质在线监测情况，确定进水水泵和进水闸门的开启和关闭时间。

**7.2.4** 调蓄池和调蓄管道运行时，应记录进水起止时间、前池水位和调蓄水位，以及进水水泵开启台数、电流、运行时长和出水流量。

**7.2.5** 放空模式应考虑雨水调蓄设施和下游排水管渠或受纳水

体的高程关系,并应符合下列规定:

    **1**  污染控制调蓄设施的放空时间和出流流量应根据下游污水管道的输送能力和污水厂的处理能力确定。

    **2**  削峰调蓄设施的放空时间和出流流量应根据下游雨水管渠和泵站的排水能力确定。

    **3**  雨水调蓄设施应及时放空到最低水位或排空。

    **4**  应记录排空泵开启台数、电流、运行时长、进水总量、放空总量和调蓄池放空前后水位。

**7.2.6**  冲洗模式应结合调蓄池和调蓄管道放空过程实施,每次调蓄后应进行至少一次冲洗。冲洗水源宜利用所调蓄的雨水。冲洗频率宜结合设施淤积情况、降雨情况和能耗等因素确定。

**7.2.7**  绿地、广场等兼用调蓄设施的运行模式,应符合下列规定:

    **1**  应设置工作和非工作两种运行模式,建立预警预报制度,并应确定启动和关闭预警的条件。

    **2**  工作模式时,应启动预警并及时疏散人员和车辆,打开雨水专用进水通道;工作模式期间,雨水流入绿地、广场,人员不得进入;预警解除后,应打开雨水专用出口闸阀,按本标准第7.2.5条的要求放空;放空后,应对绿地、广场和雨水专用进出口进行清扫和维护,并应结束工作模式。

    **3**  非工作模式时,应关闭雨水专用进出水通道,并应定期对雨水专用进出口进行维护保养。

**7.2.8**  应急削峰调蓄设施灾后应尽快排空,其运行除应满足本标准第7.2.7条的规定外,还应在使用后或定期对设施的防水、结构和电气的功能和安全性进行检测和评估,并应采取相应的维护措施,满足设计要求后方可恢复正常使用。

**7.2.9**  在降雨前,内河内湖应按防汛防台应急预案要求统一调度。

**7.2.10** 采用吸附剂和吸收液的除臭设备应定期更换吸附和吸收介质。

## 7.3 维护和管理

### Ⅰ 检查维护

**7.3.1** 每年汛期前应对雨水调蓄设施进行一次全面检查和维护。污染控制调蓄池(管道)应定期检查,根据需要进行清淤。检查维护中应做好相应的档案管理记录,并存档。

**7.3.2** 用于源头调蓄的海绵设施的运行维护应符合现行上海工程建设规范《海绵城市设施施工验收与运行维护标准》DG/TJ 08—2370 的相关规定。

**7.3.3** 调蓄池和调蓄管道的运行管理应符合下列规定:

**1** 应定期检查维护雨水调蓄设施拦污装置、进出口处的堵塞沉淀、水泵、真空泵、闸门、液位计等自动化控制系统,水质、水量、气体监测系统,除臭设备等,并应做好检查维护记录。

**2** 应定期检查和校验易燃易爆、有毒有害气体检测仪,并应按国家现行有关规定进行强制检定。

**7.3.4** 绿地雨水调蓄设施的运行管理应符合下列规定:

**1** 在汛前,应对设施的进水口和溢流口进行维护。

**2** 进水口和溢流口因冲刷造成水土流失时,应设置碎石缓冲或采取其他防冲刷措施。

**3** 进水口和溢流口堵塞或淤积导致进水不畅时,应及时清理垃圾和沉积物。

**4** 浅层调蓄池的调蓄空间因沉积物淤积导致调蓄能力不足时,应及时清理沉积物。

**5** 应定期清除绿地上的杂物,对雨水冲刷造成的植物缺失,应及时补种。

**7.3.5** 利用城镇公园和住宅小区等开放空间建设的兼用调蓄设

施的运行管理应包括设施检查、杂物打捞、水质维护和清淤等。进水格栅、前置塘和溢流口等应定期维护。

**7.3.6** 出水直排水体的雨水调蓄设施,应加强潮门和排放口的检查和保养,并应符合下列规定:

 **1** 潮门应保持闭合紧密,启闭灵活;吊臂、吊环、螺栓无缺损;潮门前无积泥、无杂物;汛期潮门检查每月应大于 1 次;拷铲、油漆、注油润滑、更换零件等重点保养应每年 1 次。

 **2** 应定期巡视排放口,及时维护,排放口附近不得堆物、搭建、倾倒垃圾等;排放口挡墙、护坡和跌水消能设备应保持结构完好,发现裂缝、倾斜等损坏现象应及时修理;对埋深低于河滩的排放口,应在每年枯水期进行疏浚;当排放口管底高于河滩 1 m 以上时,应根据冲刷情况采取阶梯跌水等消能措施。

**7.3.7** 应建立故障排除和管理制度,具有在突发事件情况下保障雨水调蓄设施基本功能的应急处置措施和管理制度,并应符合下列规定:

 **1** 应建立机电设备故障诊断、排除和管理制度。

 **2** 应制定断电情况下的备用电源应急预案。

 **3** 应制定易燃易爆、有毒有害气体应急预案。

 **4** 应制定调蓄池和调蓄管道进水闸门失效的应急运行方案。

**7.3.8** 用于调蓄的内河内湖的维护应符合上海市水务局的相关规定,并应定期开展水质等常规监测工作。

**7.3.9** 调蓄设施的警示牌应在明显位置显示,并应保持完整。

## Ⅱ 生产安全

**7.3.10** 调蓄池和调蓄管道的运行单位应建立健全地下有限空间作业相关的风险辨识管控、承发包管理、作业备案制度、现场作业管理、教育培训、应急抢险预案、定期演练等安全管理制度和操作规程,并应纳入本单位安全管理制度体系。

**7.3.11** 当作业人员进入地下有限空间进行维修、养护、清理或潜水作业时,运行单位应执行作业备案制度。

**7.3.12** 进入调蓄池和调蓄管道进行人工作业前,运行单位应结合风险辨识情况进行作业安全风险评估,提出消除、控制危险的措施,制定有限空间作业方案。作业方案应经本单位安全生产管理人员审核,负责人批准。

**7.3.13** 进入调蓄池和调蓄管道进行作业,应符合下列规定:

   **1** 作业单位应取得作业许可,作业许可应注明工作环境和允许作业时间,同时还应列明安全注意事项和应配备的工具、个体防护器具或用品和应急救援装备。

   **2** 应按照有限空间作业方案,明确作业现场负责人、监护人员和作业人员及其职责。

   **3** 作业中所使用的工具、个体防护器具或用品和应急救援装备、物资等应符合相关国家标准,并应保养到位、穿戴正确。

   **4** 进入有限空间作业前,应在作业现场周围采取隔离措施,设置醒目的警示标识,保持有限空间出入口畅通;并应对进水口和集水井的水进行分流,采取安全防范措施避免雨污水进入作业空间。

   **5** 作业前和作业过程中,应采取通风措施,并应利用空气/氧气分析设备确定作业空间的氧含量始终满足人员工作要求;对可能存在的易燃易爆、有毒有害气体应进行连续检测。

   **6** 作业结束后,作业人员应对作业现场进行清理,现场负责人、监护人员应清点作业人员、设备设施、作业器具,确认无误后方可撤离作业现场。

**7.3.14** 调蓄池和调蓄管道的运行单位应制定应急抢险预案,并定期组织演练。发生事故时,应立即启动应急抢险预案,组织抢险救援,减少事故损失。

**7.3.15** 调蓄池和调蓄管道的运行单位应将有限空间作业安全管理纳入安全生产教育培训。

**7.3.16** 恶劣天气条件下,不应在任何地下调蓄池和调蓄管道的进水口或检查井工作。

**7.3.17** 在调蓄池和调蓄管道的检修口、透气井、排气口和除臭设施等位置应设置安全标识、警言牌(板)和隔离带,隔离范围内应防范明火。

# 本标准用词说明

1 为便于在执行本标准条文时区别对待,对要求严格程度不同的用词说明如下:

    **1)** 表示很严格,非这样做不可的用词:

        正面词采用"必须";

        反面词采用"严禁"。

    **2)** 表示严格,在正常情况下均应这样做的用词:

        正面词采用"应";

        反面词采用"不应"或"不得"。

    **3)** 表示允许稍有选择,在条件许可时首先应这样做的用词:

        正面词采用"宜";

        反面词采用"不宜"。

    **4)** 表示有选择,在一定条件下可以这样做的用词,采用"可"。

2 条文中指明应按其他有关标准、规范执行的写法为"应符合……的规定"或"应按……执行"。

# 引用标准名录

1　《工业企业厂界环境噪声排放标准》GB 12348
2　《建筑设计防火规范》GB 50016
3　《工业建筑供暖通风与空气调节设计规范》GB 50019
4　《消防设施通用规范》GB 55036
5　《给水排水构筑物工程施工及验收规范》GB 50141
6　《建筑防腐蚀工程施工规范》GB 50212
7　《机械设备安装工程施工及验收通用规范》GB 50231
8　《通风与空调工程施工质量验收规范》GB 50243
9　《电气装置安装工程　爆炸和火灾危险环境电气装置施工及验收规范》GB 50257
10　《给水排水管道工程施工及验收规范》GB 50268
11　《风机、压缩机、泵安装工程施工及验收规范》GB 50275
12　《城镇污水处理厂工程质量验收规范》GB 50334
13　《城镇雨水调蓄工程技术规范》GB 51174
14　《工业建筑节能设计统一标准》GB 51245
15　《水利水电建设工程验收规程》SL 223
16　《城镇排水泵站设计标准》DGJ 08—22
17　《水利工程施工质量验收标准》DG/TJ 08—90
18　《海绵城市建设技术标准》DG/TJ 08—2298
19　《海绵城市设施施工验收与运行维护标准》DG/TJ 08—2370
20　《城镇污水处理厂大气污染物排放标准》DB31/982
21　《治涝标准》DB31/T 1121
22　《恶臭(异味)污染物排放标准》DB31/1025

上海市工程建设规范

# 雨水调蓄设施技术标准

DG/TJ 08—2432—2023
J 17002—2023

# 条 文 说 明

2023　上海

# 目　次

# Contents

# 1 总　则

**1.0.2**　本标准的雨水调蓄设施包括生物滞留设施、湿塘等源头调蓄的海绵设施，调蓄池、调蓄管道等排水设施和绿地、广场、内河内湖等调蓄空间。本标准适用于新建工程，也适用于利用既有污水厂、雨水管渠、污水管道和其他市政设施改建的雨水调蓄设施，不适用于应对污水峰值流量的调蓄设施。

**1.0.3**　河道、湖泊、湿地、沟塘、绿地等城镇自然蓄排水设施是城镇内涝防治的重要载体。雨水调蓄设施建设中应统筹河道水系、绿地等现有生态系统保护和内涝防治目标，对河道水系进行保护和利用，维持原有生态系统对雨水自然积存、自然渗透和自然净化的能力。此外，河道水系承担城镇除涝和防洪目标，其水面高程也是内涝防治系统设计的边界。

污染控制调蓄设施的建设和运行涉及受污染雨水径流和合流制溢流的储存和后续并入污水系统的输送、处理，因此需要以污水处理等专项规划为依据，并和相关的环境保护等专项规划协调。

**1.0.4**　雨水调蓄设施的规划和建设应遵循对城镇生态环境影响最低的开发建设理念，通过在城镇中保留合理的生态用地、控制城镇不透水面积比例，最大限度地保留并利用原有生态系统对雨水的调蓄能力。同时，根据需求适当开挖河湖沟渠增加水域面积，或利用绿地、广场建设兼用调蓄设施促进雨水的蓄滞，在此基础上，根据雨水系统的布局和建设目标，合理设置调蓄池、调蓄管道等设施，并加强对所有雨水设施的科学运维，通过建管并举，发挥设施功能，提升运行效益。设计和施工中引用先进的新技术，例如有条件的项目可以采用 BIM 技术，对管渠和雨水调蓄设施平面竖向标高进行碰撞检查、设计优化、辅助施工和运行管理。

**1.0.5** 国家标准《室外排水设计标准》GB 50014—2021 将室外排水工程分为雨水系统和污水系统。为了实现雨水径流污染控制的系统性，将径流污染控制所截流雨水量纳入污水设计流量，用于确定污水系统输送和处理设计能力。

**1.0.6** 国家现行有关标准包括：《城乡排水工程项目规范》GB 55027、《室外排水设计标准》GB 50014、《城镇内涝防治技术规范》GB 51222、《城镇雨水调蓄工程技术规范》GB 51174、《城市排水工程规划规范》GB 50318、《给水排水构筑物工程施工及验收规范》GB 50141、《给水排水管道工程施工及验收规范》GB 50268、《混凝土结构工程施工质量验收规范》GB 50204、《盾构法隧道施工与验收规范》GB 50446、《建筑与小区雨水利用工程技术规范》GB 50400、《城镇排水管道与泵站运行、维护及安全技术规程》CJJ 68、《城镇管道维护安全技术规程》CJJ 6、《园林绿化工程施工及验收规范》CJJ 82、《堤防工程设计规范》GB 50286、《城市防洪工程设计规范》GB/T 50805、《机械设备安装工程施工及验收通用规范》GB 50231、《地下防水工程质量验收规范》GB 50208 和《建筑工程施工质量验收统一标准》GB 50300 等。上海市工程建设规范包括：《城镇排水管道设计规程》DG/TJ 08—2222、《城镇排水泵站设计标准》DGJ 08—22、《海绵城市建设技术标准》DG/TJ 08—2298、《海绵城市设施施工验收与运行维护标准》DG/TJ 08—2370、《市政地下工程施工质量验收规范》DG/TJ 08—236、《水利工程施工质量检验与评定标准》DG/TJ 08—90 和《基坑工程技术标准》DG/TJ 08—61 等。

# 2 术语和符号

## 2.1 术 语

**2.1.2** 削峰调蓄设施包括雨水管渠提标削峰、内涝防治削峰和应急削峰调蓄。内涝防治削峰由源头减排调蓄设施、雨水管渠调蓄设施和排涝除险调蓄设施共同实现。污染控制调蓄设施包括源头径流总量控制、分流制径流污染控制调蓄和合流制溢流污染控制调蓄。

# 3 水量和水质

## 3.1 水 量

**3.1.1** 雨水调蓄设施的主要功能是雨水管渠提标、内涝防治和应急削峰、控制雨水径流和溢流污染以及雨水综合利用。雨水调蓄设施的设计调蓄量应根据这些主要功能要求计算确定。运行中的雨水系统，其状态随降雨量的变化而变化，很多参数和状态变量的不确定性使整个系统表现出强烈的动态性和随机性。到目前为止，数学模型法是展示雨水系统运行状态的有效方法。因此，推荐采用数学模型法校核调蓄量的计算，该方法能动态反应调蓄池的运行工况，有利于后期运行维护管理。目前数学模型法应用在上海较为普遍和成熟，进行内涝防治削峰调蓄计算时，须采用数学模型法进行积水深度和退水时间的校核，其他调蓄目的可根据实际需要采用数学模型法进行校核。

**3.1.2**

    **1** 公式(3.1.2-1)是基于水流的连续性方程，通过在不同设计暴雨重现期条件下，计算上下游流量过程线确定所需调蓄量的基本理论公式。其中上游流量过程线根据雨水管渠设计重现期计算确定；下游流量过程线是按调蓄池下游系统受纳能力确定的。式中的降雨历时 $T$ 指设计降雨过程的总持续时间，与计算暴雨强度时的集水时间有所区别。描述式中的 $Q_i$ 和 $Q_o$ 时，需以下基本资料：

    (1) 雨水调蓄设施具有确定的上下游边界条件。

    (2) 足够的降雨资料，特别是较长历时的降雨资料。

    (3) 足够的下垫面条件数据，如径流系数、土壤渗透系数、不透水面积所占比例等,用于计算汇水区域内的产流和汇流过程。

(4)雨水调蓄设施的形式和各部位尺寸。用于计算雨水调蓄设施的出口流量随时间和设施内水深等因素的变化过程。

此外,$Q_o$的取值不应超过区域开发前相同设计重现期下的雨水峰值流量和雨水调蓄设施下游的受纳能力。

公式(3.1.2-1)所需的基础资料较多,且所得的调蓄设施有效容积需根据试算结果不断修正,以满足设计要求。当汇水区域面积较小时,可对雨水调蓄设施的入流和出流过程进行适当简化。

**2** 公式(3.1.2-2)采用的是脱过系数法,这是一种采用由径流成因所推理的流量过程线推求调蓄容积的方法。选取脱过系数时,雨水调蓄设施上游的设计流量,应根据其上游服务面积的雨水设计流量确定;雨水调蓄设施下游的设计流量,不应超过其下游排水设施的最大受纳能力;降雨历时不应大于编制暴雨强度公式时采纳的最大降雨历时。由于脱过系数法是在暴雨强度公式的基础上推理得到的,因此该方法的适用范围应与暴雨强度公式的适用范围相同。鉴于上海目前暴雨强度公式的降雨历时不超过180 min,因此,运用脱过系数法确定调蓄量时应注意其适用范围。

**3** 源头调蓄海绵设施具有削减径流总量和峰值流量等功能,能在一定程度上能提高区域排水能力,减少区域提标压力。根据相关研究,源头调蓄海绵设施与雨水管渠提标调蓄设施容积的换算方法如下:

$$V = \sum \phi_n V_n \qquad (1)$$

$$V_n = \sum V_i \qquad (2)$$

式中:$V$——源头调蓄海绵设施换算成雨水管渠提标削峰调蓄设施的容积;

$\phi_n$——某类型源头调蓄海绵设施换算成雨水管渠提标削峰

调蓄设施的容积换算系数,见表1;

$V_n$——某类型源头调蓄海绵设施的调蓄总容积;

$V_i$——某类型中单一源头调蓄海绵设施的调蓄容积,其中生物滞留设施(含滞蓄型植草沟)、雨水表流湿地和调节塘仅计算顶部蓄水空间的容积。

表1 源头调蓄海绵设施的容积换算系数范围

| 序号 | 源头调蓄海绵设施类型 | 容积换算系数 |
|------|------------------------|--------------|
| 1 | 生物滞留设施(含滞蓄型植草沟) | 0.35～0.45 |
| 2 | 雨水表流湿地 | 0.35～0.45 |
| 3 | 调节塘 | 0.35～0.45 |
| 4 | 雨水罐 | 0.25～0.35 |
| 5 | 延时调节设施 | 0.25～0.35 |
| 6 | 径流污染控制调蓄池 | 0.25～0.35 |
| 7 | 兼顾径流污染控制和削峰的调蓄池 | 0.7～0.8 |

注:1 源头调蓄海绵设施换算原则上仅适用于对应的雨水系统的服务范围。
　　2 同时满足以下原则的,表格内具体取值可取高值,反之取低值:①雨水系统中源头调蓄海绵设施服务总面积/雨水系统服务范围的面积≥10%;②源头调蓄海绵设施所在地块年径流总量控制率≥65%。
　　3 其他源头海绵设施不考虑调蓄容积换算,包括透水路面、绿色屋顶、转输型植草沟、雨水潜流湿地、渗渠、初期雨水弃流设施、雨水口过滤装置、雨水立管断接。
　　4 源头调蓄海绵设施基本都有径流污染控制目标,但兼顾径流污染控制和削峰的调蓄池可依据降雨预报,选择进水时间,发挥设施削峰作用,因此容积换算系数较高。

**3.1.3** 本条的内涝防治设计重现期是根据《上海市城镇雨水排水规划(2020—2035年)》制定。根据现行国家标准《室外排水设计标准》GB 50014 的规定,道路一条车道的积水深度不超过15 cm,或在最大允许退水时间之内退水时不视为内涝。用于内涝防治削峰的雨水调蓄设施,其调蓄量的计算应采用数学模型法对服务范围内源头减排、雨水管渠和排涝除险设施进行整体校核,通过优化调蓄量,满足区域内的积水深度和退水时间的设计要求。

**3.1.4** 设计径流污染控制的源头雨水调蓄设施时,可以参照现行上海市工程建设规范《海绵城市建设技术标准》DG/TJ 08—2298 中相关条文,根据地块规划的年径流总量控制率要求选取对应的设计降雨量,作为单位面积调蓄雨量。

合流制溢流污染控制是通过截流调蓄溢流的合流污水,降低溢流频次。日本合流制溢流污染控制调蓄雨量为 9.5 mm~16 mm,美国五大湖区合流制排水系统发生溢流的频次控制在 4 次/年~6 次/年。分流制径流污染控制是通过截流调蓄受污染雨水径流,降低径流污染,其调蓄量的确定应综合考虑当地降雨特征、受纳水体的环境容量、受污染雨水径流水质水量特征、雨水系统服务面积和下游污水系统的受纳能力等因素。

根据相关研究,当上海省际边界上游来水水质均达到水功能区划的水质时,结合雨污混接改造、源头海绵设施建设、分流制调蓄 5 mm 降雨,合流制调蓄 11 mm 降雨等措施,全市河网水系水质可以达到水功能区划的规划要求,满足溢流污染负荷控制率达到 80%(以 SS 计)的目标。因此,《上海市城镇雨水排水规划(2020—2035 年)》规定,强排系统雨天出流的截流标准为合流制≥11 mm、分流制≥5 mm 的降雨径流。但当地面污染程度较严重、源头海绵设施建设滞后或者泵站所处受纳水体水环境容量较小时,上述截流调蓄雨量未必能满足溢流污染负荷控制率达到80%(以 SS 计)或区域水环境要求,可能需要提高截流标准。因此,本条文规定设计时应核算雨水调蓄设施的污染控制效果。设计时可选择近 5 年的合流制排水系统溢流水量、水质和降雨资料,结合服务范围内海绵设施建设情况,核算雨水调蓄前后向受纳水体排放的污染物浓度与总量,评估雨水调蓄对雨水径流削减与污染控制的效果,也可根据需要针对不同单位面积调蓄雨量进行技术经济分析。

**3.1.5** 确定调蓄量时,应考虑地理位置限制、雨水水质水量、雨水综合利用效率和投资效益等多种因素,根据可回收水量和需求水量经综合比较后确定。

相关研究表明,城镇径流存在明显的初期冲刷作用,但由于降雨冲刷过程的复杂性和随机性,确定不同条件下的初期径流弃流量是一个难题。有条件的地区,应实测服务范围内不同下垫面收集雨水的化学需氧量(COD)、悬浮物(SS)等污染物浓度,根据污染物浓度随降雨量的变化曲线确定初期径流弃流量。

根据实测数据计算分析,通常一场降雨,当屋面的弃流量为 2 mm~3 mm 时,即可控制整场降雨 60% 以上的径流污染负荷;当超过 3 mm 时,污染控制效果无显著增加。硬质地面的情况更为复杂,受到行人、车辆污染,初期雨水径流的水质比建筑屋面差,需要增加弃流量,提高弃流效果。

**3.1.7** 雨水调蓄设施可设置在排水系统的不同位置,如进入排水管渠系统前、管渠系统中间和管渠系统末端等。当多个雨水调蓄设施联合运行时,应考虑其综合效果和投资效益,确定各项设施的位置和规模,并采用数学模型对其调蓄效果进行综合评价,满足雨水调蓄设施的总体设计要求。

## 3.2 水 质

**3.2.1** 用于污染控制和雨水综合利用时,雨水调蓄设施进水水质受空气质量、前期降雨情况、下垫面类型和清洁程度、排水体制和管道沉积情况等因素影响,变化范围大,应以实测数据作为主要设计依据。有条件的地区,可根据水环境容量的需求,设定调蓄设施的进水水质,并设置在线监测设备,辅助运行。当进水浓度低于设计水质时,不进入调蓄设施,以保障调蓄设施能用于储存较高浓度的雨污混合水或雨水径流。对于源头海绵调蓄设施,也应对服务范围内的径流水质进行调查,对于服务范围内超过设施净化能力或者对设施正常运行造成危害的径流,应考虑优化设施设计,避免相关风险。

# 4 规划布局

**4.0.1** 雨水调蓄设施的类型分为调蓄池、调蓄管道、绿地和广场调蓄设施、内河内湖。形式可以分为地上敞开式和地下封闭式。用于雨水管渠提标削峰和污染控制的调蓄池和调蓄管道为便于雨水重力流入，并确保安全和减少对周边环境的影响，一般设计为地下封闭式，上海市内已建的污染控制调蓄池均为地下封闭式。源头调蓄海绵设施和分流制内涝防治削峰和应急削峰调蓄设施，有条件时，宜设计为地上敞开式，并应与周边建筑、绿地、广场、道路等设施和内河内湖等天然调蓄空间统筹考虑。

**4.0.2** 本条中"先地上后地下、先浅层后深层"的原则综合考虑调蓄经济性、安全性和便捷性而制定，是项目实施具备空间和周边环境选择条件时，应遵循的优先级原则。当地上建筑密集且地下浅层空间无利用条件时，可采用中深层雨水调蓄设施。用于污染控制的调蓄设施，除设置在源头的海绵设施之外，一般都设置在地下。

**4.0.3** 为了提高雨水系统内涝防治能力，削峰调蓄设施可以因地制宜设置为源头调蓄、管渠调蓄或排涝除险调蓄。源头调蓄包括具有调蓄功能的源头海绵设施，管渠调蓄主要用于雨水管渠重现期下提标，类型有调蓄池和调蓄管道等；排涝除险调蓄主要用于内涝设计重现期下削峰，一般包括内河内湖、下凹式绿地和下沉式广场等。

根据城镇发生超出内涝防治设计重现期暴雨时内涝风险评估结果，综合考虑积水深度、退水时间和评估范围内设施的重要程度，当损失较大时，在风险较大的地区设置应急调蓄设施，接纳周边汇水区域在内涝防治系统超载情况下的溢流雨水。

目前,上海市用于污染控制的雨水调蓄池一般设置于排水系统下游,可降低建设成本、减少运行管理人员,污染控制效果较为显著。但是,对于服务面积较大的分流制雨水系统,由于到达系统下游的径流流行时间长,初期效应不明显,雨水调蓄设施的径流污染控制的实际效果可能不如预期的理想。因此,海绵城市建设强调对雨水的分散控制和处理。相关研究表明,在系统中分散设置污染控制调蓄设施,可提高污染控制效益。采用数学模型进行雨水调蓄设施的布局设计时,将排水模型和优化算法相结合,能够根据不同条件选取出最优的方案,实现经济、社会、环境效益的综合最优。

**4.0.4** 本条规定了削峰调蓄设施的平面布局原则。

**1** 相关研究表明,在排水系统积水削减上,调蓄位置(相对于调蓄容量)是主要决定因素,积水削减率与总调蓄容量不存在显著的正相关关系,相同的调蓄容量设置于不同的系统位置,可导致最大 20% 左右的积水削减率差异,在积水位置中上游处设置雨水调蓄设施通常能取得较好的效果。可以采用数学模型进行削峰调蓄设施布局优化。

**2** 针对上海市土地高度开发特点,结合实际情况,从城镇用地复合功能角度出发,雨水调蓄设施应优先结合绿地、广场和滨水空间等用地建设。

采用单个雨水调蓄池进行削峰调蓄时,进水的瞬时流量越大,溢流井规模也越大。在管网的不同部位分散设置调蓄池,集中溢流量被分摊,可以有效减小溢流堰的规模;而且在相同的控制目标下,可以最大限度发挥管网排水能力,减小调蓄容积。

**4.0.5** 强排区域的排水能力未达到《上海市城镇雨水排水规划(2020—2035 年)》确定的"中心城和新城区域 5 年一遇、其他区域 3 年一遇"时,应在地块中配建雨水调蓄设施。本条是参照《上海市雨水调蓄设施规划建设导则(试行)》相关要求制定。根据本市建设用地组成及已建雨水排水设施从雨水管渠设计重现期 1 年一遇到 5 年一遇的提标需求测算,每公顷建设用地应配建约 120 m³ 的雨水调蓄设施,这部分调蓄设施可以与海绵建设相结合。当体育、教育、公园、绿地、广场等地块在自身提标的基础上考虑服务周边地区时,3 000 m³ 的雨水调蓄设施可以服务 25 ha 地块提标的需求,但应做好调蓄设施雨水汇集组织,以便满足服务范围内的提标需求。

**4.0.6** 根据海绵城市建设理念,雨水应就近排入源头海绵设施,就地入渗或经过滤处理后再排入市政雨水管渠。源头海绵设施能有效降低径流量和径流中的污染物,降低分流制雨水径流污染排放,减少合流制溢流频次和溢流污染量,或截流调蓄处理规模。

当泵站用地紧张时,可考虑结合现有或规划的绿地、广场、体育、教育、道路、公服、商办、河道、防汛通道和滨水步道等用地的地下空间复合设置雨水调蓄设施。

**4.0.7** 雨水综合利用系统中的调蓄池根据收集范围的不同,如水源为单体建筑的屋面雨水或小区、建筑群的雨水等,可设置于地上或地下,一般设计为封闭式,避免阳光直接照射,保持较低的水温和良好的水质,防止藻类生长和蚊蝇孳生。

# 5 设 计

## 5.1 一般规定

**5.1.2** 不同调蓄目的对应收集不同时段的雨水,可以通过雨水调蓄设施的进、出水高程设计加以实现。以削峰调蓄为例,调蓄目的可分为提标削峰调蓄、内涝防治削峰调蓄和应急调蓄三种,它们启用的时刻和所承担的调蓄任务完全不同。提标削峰调蓄是与雨水管渠共同达到雨水管渠设计重现期内的地面排水要求。内涝防治削峰调蓄是在内涝防治设计重现期下,道路出现少量积水时,发挥作用,保证城镇的正常运行。应急调蓄是在超出内涝防治设计重现期的暴雨发生时,调蓄路面过量的积水,降低内涝灾害带来的经济损失和人员伤害。设计中,应通过规划雨水路径和改变平面标高等方式,将服务范围内需要被调蓄的雨水径流引至雨水调蓄设施。

**5.1.3** 由于清淤冲洗水污染物浓度较高,不论是用于污染控制还是削峰调蓄,雨水调蓄设施(包括硬质铺装的景观水池、下沉式广场调蓄设施和调蓄池)的冲洗水都应接入下游污水管网,送至污水处理厂处理后排放。用于污染控制的调蓄池,其出水应在降雨停止后,由下游污水管道输送至污水处理厂处理后排放。

雨水塘、下凹式绿地等具有净化功能的雨水调蓄设施的出水可直接排入受纳水体或下游雨水系统。

**5.1.4** 应结合雨水调蓄设施排放至污水处理厂的水质水量,评估污染控制调蓄设施出水对污水处理厂运行的影响,应以不降低污水处理厂原有设计规模的出水水质标准为目标,或提出污水处理厂雨季运行模式,以满足受纳水体环境容量要求。也可通过调整雨水调蓄设施的放空时段和放空流量,避免对污水处理厂的正常运行造成影响。

**5.1.5** 为保障雨水调蓄设施正常运行和降低水环境影响,设施进水处宜设置垃圾拦截装置。调蓄管道和调蓄池等灰色雨水调蓄设施和广场调蓄设施可以设置格栅作为拦污装置。绿地调蓄设施可以设置卵石进行拦污和消能。

**5.1.7** 雨水调蓄设施应在醒目位置设置警示牌,说明雨水调蓄设施的设置目的和占地面积等。对于地上敞开式雨水调蓄设施,应说明雨水调蓄设施的水深和安全警示要求,并设置栏杆、植物隔断屏障等安全防护设施,以保护人身安全。

**5.1.8** 具有渗透功能的设施包括生物滞留设施、下凹式绿地、浅层调蓄池等。上海市工程建设规范《海绵城市建设技术标准》DG/TJ 08—2298—2019 的第 6.1.8 条规定了具有渗透功能的海绵设施设置防渗膜和防渗措施的情形。当地下水位过高时,可能在具有渗透功能的雨水调蓄设施底部形成季节性积水,造成雨水调蓄设施失效,且有可能污染地下水。因此,当不能满足雨水调蓄设施底部比当地季节性最高地下水位高 1 m 时,应在底部敷设防渗材料,避免地下水进入透水基层,并在砾石层底部埋置穿孔排水管,避免雨水长时间储存在雨水调蓄设施中。

此外,具有渗透功能的雨水调蓄设施与周围建筑基础和道路路基的间距无法满足的安全距离时,雨水调蓄设施采用四周敷设防渗膜等措施,能做到与周围土壤完全隔绝,避免其积蓄的雨水渗入基础。

**5.1.9** 位于地下的设备机房、控制室等空间,需要人员经常进入操作或维护,活动相对频繁,应充分考虑地下空间的特点与使用特征,合理设置安全疏散通道。

## 5.2 调蓄池

**5.2.1** 污染控制调蓄池通常在径流产生起始阶段即流入设施内,目标是控制降雨前期雨水;而削峰调蓄设施通常当超过管道排水能力后进入设施内,目标是控制降雨峰值雨水。通过进水方式切换设计、系统自动化控制、池体分组布设等,在部分进水管径较小、建设选址困难等区域,可同步实现污染控制和削峰控制功能,发挥调蓄池最大运行效益。

**5.2.2** 用于控制城镇径流污染的调蓄池应采用接收池,将受污染雨水径流和合流制溢流储存在接收池中,池满后,雨水不再进入接收池,待降雨停止或下游污水管渠有空余时,将接收池内的雨水输送至污水处理厂。用于分流制削峰调蓄和雨水综合利用,可选择具有沉淀净化功能的通过池和联合池。通过池在充满之前类似接收池,起储存作用,充满后起沉淀净化作用,在通过池末端需设置溢流装置,通过池充满后,沉淀处理后的雨水溢流至水体。联合池包括一个接收池和一个通过池,雨水首先进入接收池,待其充满后,后续流入的雨水再进入通过池。

**5.2.3** 调蓄池和排水管渠的连接形式一般分为串联和并联两种。根据调蓄池的目的和功能决定采取何种连接方式。当调蓄池发挥削峰功能时,可以采用串联或并联形式。当调蓄池发挥污染控制或雨水综合利用功能时,一般采用并联形式。

削峰调蓄池的进、出水管可以串联方式与排水管渠连接。当上游来水流量小于下游管道的接纳能力时,可通过调蓄池直接排入下游管道。当上游来水流量大于下游管道的接纳能力时,超出下游管道接纳能力的上游来水储存在调蓄池内,缓解下游排水系统的压力。削峰调蓄池也可采用并联形式与排水管渠连接。当上游来水流量小于下游管道的接纳能力时,上游来水直接排入下游管渠中;当上游排水流量超过下游管道的接纳能力时,管内水位上升超过设计深度,超出的水量通过交汇井溢流堰或进水管控流装置进入调蓄池,当调蓄池充满时再溢流排放至下游管道,起到削峰的作用。

当调蓄池发挥污染控制或雨水综合利用功能时,原上下游排水管渠与调蓄池的进水管、出水管应以并联方式连接。根据计算确定调蓄量或回用雨水的总量,降雨时通过进水管控流装置将受污染雨水径流和合流制溢流引入污染控制调蓄池或者将弃流后的干净雨水引入雨水综合利用调蓄池。当调蓄池充满时,关闭进水管,后续来水直接排放河道或下游管渠。

**5.2.4** 为了保障调蓄池的正常运行,应设置格栅,还可采用沉砂等预处理设施。尤其是用于源头减排的地下雨水调蓄池,由于维护、检查和检修较为困难,预处理设施极为重要,优先采用维护量小的格栅形式。与泵站合建的调蓄池宜利用泵站格栅等设施,但需考虑调蓄池排空泵进口管径对格栅或其他过滤设备间隙的影响,相应的设计可参考上海工程建设规范《城镇排水泵站设计标准》DGJ 08—22—2018 中与调蓄池合建的泵房的设计要求。

**5.2.5** 没有条件采用数学模型法的地区,可根据不同的调蓄池功能和调蓄池类型,按公式计算。

接收池不具有沉淀净化功能,其主要作用是对雨水进行暂时储存,其容积可根据调蓄目的,按本标准第 3.1 节中相应的方法计算后确定。

通过池在未满时,主要是储存功能,充满后,池中的水通过溢流装置排放,具有沉淀净化功能,其原理和平流式沉淀池相同。由于调蓄池的进水水质影响因素较多,应通过试验确定其颗粒沉降性能和表面水力负荷对去除效率的影响,按污染控制目标确定表面水力负荷和沉淀时间,通过计算确定通过池容积。国外资料认为,停留时间 15 min 时 SS 去除率大于 10%,设置通过池就可以取得显著的环境效益。在无试验条件和资料时,参考城镇污水处理厂初沉池的相关设计参数,提出通过池的表面水力负荷可为

$1.5 \text{ m}^3/(\text{m}^2 \cdot \text{h}) \sim 3.0 \text{ m}^3/(\text{m}^2 \cdot \text{h})$,沉淀时间可为 $0.5 \text{ h} \sim 1.0 \text{ h}$,处理效果还和出水堰负荷有关,由于调蓄池一般没有刮泥设备,因此处理效果会有一定影响。

**5.2.6** 调蓄池的水深直接影响工程的开挖深度,开挖深度大,施工费用和施工难度进一步加大;有效水深大,泵排的水量增加,运行能耗也随之增加。因此,在满足调蓄池有效容积且用地条件允许的情况下,应尽量减小调蓄池的有效水深。有效水深同时还受调蓄池类型和池型的影响,通过池和联合池因具有沉淀功能,有效水深不宜太深,否则影响沉淀效果;圆形池一般采用搅拌法避免污染物质的沉淀,有效水深也会影响搅拌的效果。

上海已建调蓄池中设计有效水深最小为 2.8 m,最大为 18.45 m;昆明已建调蓄池中设计有效水深最小为 4.55 m,最大为 11.6 m。

**5.2.7** 采用现浇钢筋混凝土结构的调蓄池,池型可采用矩形、多边形和圆形,应根据用地条件、调蓄容积和总平面布置确定。上海市中心城区已建的 13 座雨水调蓄池,9 座为矩形,3 座为多边形(根据地形要求,由矩形削去部分面积而成为多边形),还有 1 座为圆形。

调蓄池的底部结构应根据冲洗方式确定。当采用门式冲洗或真空冲洗时,底部结构一般设计为廊道式;当采用水力翻斗冲洗时,底部结构应设计为连续沟槽,其沟槽一旦出现淤积,清洗难度非常大,因此应通过水力模型试验验证其沟槽、底坡、转弯处不淤积。根据上海已建调蓄池实例,调蓄池最高水位至顶板的距离均大于 0.5 m,较高的超高多为与泵房合建的结构需要。

调蓄池设计文件中应明确冲洗设备的安装对土建施工的材料、平整度等特殊技术要求。

**5.2.8** 目前上海并联形式的调蓄池多采用旁通交汇井作为进水井;串联形式的调蓄池一般不设进水井,但应设置旁通或检修管,用于调蓄池检修时输送管道来水。为便于调蓄池放空和清淤,进水宜设置闸门或阀门。闸门和阀门选用时,应选择在雨污水进水条件下不易被杂质破坏密封性的闸门和阀门,材质选择应兼顾强度和防腐,优先选择不锈钢材质。一般电动闸门的开启速度为0.2 m/min~0.5 m/min,为保障调蓄池的运行效益,保证及时进水,重力进水应考虑闸门和阀门的启闭时间,首选快速开启的闸门和阀门,启闭时间应小于2 min。根据水中杂质情况,可选用偏心半球阀等带有切割功能的阀门。如果进水可能会影响到防淹水要求较高的地下室时,宜在进水处再设置1道速闭闸门作为保障。

重力自流进水保障性较高,可避免因设备故障导致的进水问题。调蓄池最高设计水位宜低于雨水(合流)泵站的最低水位。当调蓄池进水由雨水泵站前的总管接出时,调蓄池最高设计水位宜低于此处雨水(合流)管道管底标高。当调蓄池埋深条件受限,不满足重力进水要求时,应采用水泵提升进水,但调蓄池进水泵不应影响防汛泵站本身的防汛配泵和电气配置能力。

污染控制调蓄池的进水时间取值将影响进水管渠的管径和造价。在综合考虑系统汇水面积、地面集水时间、管渠内流行时间等因素后,进水时间宜采用0.5 h~1.0 h。当系统无明显初期效应时,宜取上限;反之,可取下限。

采用门式冲洗的调蓄池,其进水位置一般设置在冲洗廊道一侧,能减少蓄水池中的淤积。

当调蓄池进水口下沿距离池底大于等于4 m时,宜采取消能措施。消能措施的形式有进水坡道、阶梯跌水或进水形成旋流等。

**5.2.9** 调蓄池放空可采用重力放空、水泵排空或二者相结合的方式。调蓄池的放空形式选择应充分评估下游管渠的标高和接纳能力,且不应影响下游街坊管的排水安全,必要时需对下游管渠进行扩建。当区域污水管道沿线有多座污染控制调蓄池放空时,为不影响区域污水量的正常输送,应结合各座调蓄池的放空流量,对沿线多座调蓄池的放空进行统筹调度,尽可能发挥污水管道的最大输送能力。水泵排空方式相比于重力放空，对流量能更好地进行调节控制，在下游管渠能力受限又无法扩建时，应优先采用水泵排空方式，并设置专用排空水泵，从而实现既能在短期内快速排空、又可以适当调节流量适配下游污水管道的不同工况。上海市苏州河环境综合整治工程中建设的江苏路调蓄池、成都路调蓄池和梦清园调蓄池等均采用重力放空和水泵排空相结合的方式，其中梦清园调蓄池 25 000 m³ 有效容积中，重力放空部分的容积为 18 000 m³，DN 1400 放空管的最大流量可达 10.6 m³/s，重力放空耗时约 1 h。

考虑上海雨水泵站放江控制要求，削峰调蓄池的放空时间应优先于降雨时间内错峰放空，放空时间可进一步缩短，避免造成旱天泵站放江的情况。

重力放空的优点是无需电力或机械驱动，符合节能环保政策，且控制简单。靠重力排放的调蓄池，其出口流量随调蓄池上下游水位的变化而改变，出流过程线也随之改变。因此，确定调蓄池的容积时，应考虑出流过程线的变化。采用公式(5.2.9-2)时，还需事先确定调蓄池表面积 $A_t$ 随水位 $h$ 变化的关系。对于矩形或圆形等表面积不随水深发生变化的调蓄池，如不考虑水深变化对出流流速的影响，调蓄池的出流可简化按恒定流计算，其放空时间可按下式估算：

$$t_o = \frac{A_t(h_1 - h_2)}{C_d A \sqrt{g(h_1 - h_2)}} \qquad (3)$$

公式(5.2.9-1)和公式(5.2.9-2)仅考虑了调蓄池出口处的水头损失，没有考虑出流管道引起的沿程和局部水头损失，因此仅适用于调蓄池出水就近排放的情况。当排放口离调蓄池较远时，应根据管道直径、长度和阻力情况等因素计算出流速度，并通过积分计算放空时间。

水泵排空和重力放空相比，工程造价和运行维护费用较高。

当采用水泵排空时,考虑下游管渠和相关设施的受纳能力的变化、水泵能耗、水泵启闭次数等因素,设置排放效率$\eta$。当排放至受纳水体时,相关的影响因素较少,$\eta$可取较大值;当排放至下游污水管渠时,其实际受纳能力可能由于地区开发状况和系统运行方式的变化而改变,$\eta$宜取较小值。

当调蓄池下游管网容量充足时,调蓄池放空时间宜向下限靠拢,提高放空流量,为快速排空调蓄池提供便利。用于污染控制的调蓄池,放空水泵的配泵及管路的高峰能力,宜大于放空时间内的平均流量,以便充分利用下游污水管网的能力,在下游管网空余时尽可能短的时间内错峰完成放空。

**5.2.10** 采用水力固定堰进水方式的调蓄池,为保障系统排水安全,避免上游壅水,应设置溢流设施。

**5.2.13** 敞开式调蓄池可采用人工冲洗的方式,但对于封闭式调蓄池,人工冲洗危险性大且劳动强度大,一般作为调蓄池冲洗的辅助手段。调蓄池的冲洗有多种方法,各有利弊。随着节能减排的政策要求,越来越多的环保型、节能型的冲洗设备和方法得到开发应用。各种冲洗方式的优缺点如表2所示。

表2 各种冲洗方式优缺点

| 序号 | 冲洗方式 | 优点 | 缺点 |
|---|---|---|---|
| 1 | 人工冲洗 | 无机械设备,无需检修维护,适用于敞开式调蓄池 | 危险性高,劳动强度大 |
| 2 | 移动冲洗设备冲洗 | 投资省,维护方便 | 仅适用于有敞开条件的平底调蓄池,扫地车、铲车等清洗设备需人工作业 |
| 3 | 水力喷射器冲洗 | 无需外部供水,单个设备冲洗距离长,可适应不同布局的调蓄池冲洗,自动冲洗;冲洗时有曝气过程,可减少异味,适用于大部分池型 | 需建造冲洗水储水池,并配置相关设备;运行成本较高;设备位于池底,易被污染磨损,设备初期投资较高 |

| 序号 | 冲洗方式 | 优点 | 缺点 |
|---|---|---|---|
| 4 | 潜水搅拌器冲洗 | 搅拌带动水流,自动冲洗,投资省 | 冲洗效果差,低水位时无法运行;设备位于池底,易被缠绕、污染、磨损,维护工作量大 |
| 5 | 水力翻斗冲洗 | 无需电力或机械驱动,控制简单 | 需提供有压力的外部水源给翻斗进行冲洗,运行费用较高;翻斗容量有限,冲洗范围受限制,转动部件容易损坏影响冲洗 |
| 6 | 连续沟槽冲洗 | 无需电力或机械驱动,无需外部供水 | 依赖晴天污水作为冲洗水源,利用其自清流速进行冲洗,难以实现彻底清洗,易产生二次沉积;连续沟槽的结构形式加大了泵站的建造深度 |
| 7 | 门式冲洗 | 无需电力或机械驱动,无需外部供水,控制系统简单;单个冲洗波的冲洗距离长;调节灵活,手、电均可控制;运行成本低、使用效率高 | 设备初期投资较高 |
| 8 | 真空冲洗 | 设备位于池上,便于维护;无需外部供水 | 土建要求高,工作噪量大 |

真空冲洗目前在上海暂无应用,但在长春、深圳、合肥和天津等地的雨水调蓄池建设中都有应用,国内投入使用的设备套数已达百余套。真空冲洗的工作原理如下:当调蓄池进水时,储存区中的水位上升到一定高度,真空泵自动启动,随着冲洗室中的空气被真空泵逐渐抽出,形成负压状态,冲洗室中的水位水量保持着恒定储存状态。当调蓄池内雨水被外排,水位下降至设定的液位值时,真空阀被打开,冲洗室内的真空被破坏,此时冲洗室内的水冲击能量迅速释放,冲入雨水储存区,在调蓄池底部产生强力的水平冲洗波,有效地清洗池底的污泥及垃圾杂质至聚焦坑槽。

上海已建 13 座雨水调蓄池采用的冲洗方式如表 3 所示。

表 3    上海已建调蓄池冲洗方式

| 序号 | 调蓄池名称 | 调蓄池容积（m³） | 排水体制 | 池型 | 冲洗方式 |
|---|---|---|---|---|---|
| 1 | 江苏路调蓄池 | 15 300 | 合流制 | 多边形 | 水力翻斗冲洗 |
| 2 | 成都路调蓄池 | 7 400 | 合流制 | 圆形 | 潜水搅拌器冲洗 |
| 3 | 梦清园调蓄池 | 25 000 | 合流制 | 矩形 | 水力翻斗冲洗 |
| 4 | 新昌平调蓄池 | 15 000 | 合流制 | 多边形 | 连续沟槽冲洗 |
| 5 | 芙蓉江调蓄池 | 12 500 | 分流制 | 矩形 | 连续沟槽冲洗 |
| 6 | 浦明调蓄池 | 8 000 | 分流制 | 矩形 | 门式冲洗 |
| 7 | 后滩调蓄池 | 2 800 | 分流制 | 矩形 | 门式冲洗 |
| 8 | 南码头调蓄池 | 3 500 | 分流制 | 矩形 | 门式冲洗 |
| 9 | 蒙自调蓄池 | 5 500 | 分流制 | 矩形 | 门式冲洗 |
| 10 | 新师大调蓄池 | 3 500 | 合流制 | 矩形 | 水力翻斗冲洗 |
| 11 | 大定海泵站调蓄池 | 7 700 | 合流制 | 矩形 | 门式冲洗 |
| 12 | 大武川调蓄池 | 13 000 | 分流制 | 多边形 | 水力喷射器冲洗 |
| 13 | 新宛平调蓄池 | 9 000 | 合流制 | 矩形 | 门式冲洗 |

**5.2.14**    工作人员会定期进入调蓄池,进行设备维护、检修或沉积物清除等工作。为改善工作环境,作此规定。对于深度较浅的调蓄池,工作人员可采用吊篮进入,可不设置检修通道,但调蓄池顶部应预留检修孔。调蓄池内不宜采用带护圈保护的爬梯作为检修通道,因为调蓄池内部环境潮湿,存在干湿交替的情况,即使玻璃钢等材质的带护圈爬梯,其踏步的锚固仍采用钢制件,易受到腐蚀,随着使用年限的增长,爬梯存在安全隐患。

当检修通道设置在调蓄池内部时,易被污染,产生地面打滑或腐蚀问题,存在安全隐患。因此,有条件时,宜在调蓄池外部设置独立的检修通道间,采用防水门进入调蓄池。

**5.2.18**　根据现行国家标准《建筑设计防火规范》GB 50016 的规定,由于调蓄池系地下或半地下建筑,污水中可能含有易燃物质,故建筑物应按二级耐火等级考虑。建筑物构件的燃烧性能、耐火极限和消防设施均应符合现行防火规范的规定。

## 5.3　调蓄管道

**5.3.1**　调蓄管道的位置应结合排水系统、城镇道路和河道水系等情况确定。

**5.3.3**　总管可采用同一管径,也可随长度增加适当增大管径,但应考虑不同管径间的衔接和防渗。且同一条总管管径类型不宜超过 3 种,以便于施工建设、检修维护和运行管理。目前国际上建设的调蓄管道主要有圆形和方形两类,其中圆形断面便于土建施工、设备安装、运行管理和检修养护,且过流效果更优。

总管内的流速宜控制在 0.65 m/s～5 m/s 范围内,流速过小易引起管道淤积,流速过大易引起管道过度冲刷。美国《合流制污水控制手册》规定,总管的纵坡不小于 0.1%,以保证流速,防止砂粒沉降,满足排空要求,必要时还可设置流槽。

参照国外经验,要避免浪涌,为进水过程提供足够的气体流动空间,调蓄管道管径与流量关系应满足以下条件:

$$\frac{Q}{\sqrt{gD^5}} < 0.3 \tag{4}$$

式中:$Q$——总管流量($m^3$/s);

　　　$D$——总管管径(m);

　　　$g$——重力加速度($m^2$/s)。

总管的冲洗和清淤方式与沉积物淤积深度有关。总管沉积物较少时,可采用水力冲洗的方式进行清理;当沉积物淤积层深度达到或超过管径的 5% 时,应采用设备进行清淤。上海地区已建调蓄管道工程肇嘉浜泵站调蓄管道利用已建箱涵作为调蓄总管,总管埋深较浅,主要采用人工冲洗方式;在建的合流污水一期复线工程总管主要采用水力冲洗方式;在建的苏州河深层调蓄管道工程主要采用清淤车进行内部清淤的方式。

小型排水泵仅为排除少量地下渗入水设置,当晴天地下水渗入量明显增大时,应及时检查管道防渗情况并进行针对性修复。

5.3.5　入流设施是连接现有排水系统的设施。截流设施是控制排水系统进入调蓄管道工程的水量,并在水量超过设计条件时进行分流的设施。为了保障调蓄管道的正常运行,应设置格栅作为预处理。有条件地区或深层调蓄隧道还可设置沉砂,以减少后续维护的清淤量。进水管道是将 1 个或多个排水系统的水流收集并输送至调蓄管道总管的设施,进水管道的布置和投资是影响调蓄管道结构、埋深和进出水方式的一个重要因素;进水井是连接进水管道和总管、起到消能和排气作用的设施。不同建设型式的调蓄管道可包含部分或全部入流设施。上海目前正在规划和建设的新建调蓄管道如苏州河深层排水调蓄工程、合流污水一期复线工程含全部入流设施;改造的调蓄管道如肇家浜泵站调蓄工程和龙华排水调蓄工程,仅有截流设施和进水管道。

5.3.7　当调蓄管道与多处截流设施相连时,应做好流量控制,避免调蓄容积不合理分配。

5.3.8　进水管道的设置应根据各排水系统截流设施与调蓄管道的相对位置确定,较为经济合理的方法是将几个排放点和截流井的溢流集中由进水管道道汇合进入调蓄管道。进水管道的布置应考虑管道施工对道路交通、市政管线和周围社区及环境的影响,应对建设进水管道和进水井方案进行经济比较。进水管道的施工条件应考虑地质条件的影响。进水管道的管径宜根据调蓄工程的功能计算进水流量,采用数学模型确定。由于管径设计一般针对峰值降雨流量,在实际运行中还可利用部分管内调蓄容量。对于埋深落差变化较大的进水管道,应在管道中采取消能措施。进水管道根据检修以及运行阶段控制优化进水管道调蓄容量和输送能力的需要,还应设置流量控制装置。

**5.3.9** 对于进水管与总管高差较大的进水井,为减少进水对进水井底板的影响,应采取消能措施。消能措施可包括在井内设置水跃、进水形成旋流、增加井壁摩擦和在井底设置水潭等,水跃位置或水潭深度应根据进水流量和竖向跌落井深度,按水力计算确定。

**5.3.10**

**2** 提升泵站的流量应根据设计功能、运行模式、目标效果等因素确定。以削峰为主要功能的调蓄管道,应根据排水要求确定泵站规模;以径流污染控制为主要功能的调蓄管道,应根据总管的放空时间确定泵站规模,设计放空时间应根据下游污水系统的负荷、降雨特性等因素,综合比较后决定,用于污染控制调蓄管道放空时间宜为 12 h~48 h。调蓄量大的系统放空时间可延长,如日本东京外圈放水路的设计放空时间超过 60 h。

**3** 承担转输功能的提升泵站水泵选型时应校核各工况下设计扬程在高效区运行。

**5.3.11** 调蓄管道工程投资较大,水力工况复杂,因此宜采用数学模型或物理模型模拟,对入流设施、总管和出水设施等设计进行校正和优化。

**5.3.12** 随着养护技术的发展,管道监测、清淤和修复的服务距离增大,调蓄管道检查井(口)间距可适当增大。对于直径大于 2 000 mm 的管道,管内净高允许养护工人或机械设备进入管道内检查养护,检查井(口)间距可适当增加。

**5.3.13** 管径大于 4 000 mm 的管道设置检修平台,可以方便人工巡检或机械设备通行。

**5.3.14** 对于人员进出和检修频率较低的调蓄管道,可采用移动式照明和临时通风系统,以确保检修环境安全。

## 5.4 绿地和广场调蓄设施

**5.4.1** 绿地和广场调蓄设施既包括下凹式绿地、生物滞留设施、绿色缓冲带、下沉式广场等利用高程低洼调蓄雨水的设施,也包括利用绿地和广场的空间建设的浅层调蓄池、可拆卸的小型地上雨水调蓄设施等。绿地调蓄设施可用于源头调蓄或排涝除险调蓄。用于源头调蓄时,利用生物滞留设施等绿地的渗透、净化能力控制径流污染,削减下游雨水管渠的总量和峰值流量。用于排涝除险调蓄时,利用下凹式绿地上部的调蓄空间削峰,缓解下游排水管渠的排水压力,防治城镇内涝。下沉式广场是利用广场本身建设的雨水调蓄设施,一般用于排涝除险调蓄,可利用的下沉式广场包括广场、运动场、停车场等,但行政中心、商业中心、交通枢纽等所在的下沉式广场不应作为雨水调蓄设施。浅层调蓄池是采用人工材料在绿地下部浅层空间建设的雨水调蓄设施,增加调蓄能力,适用于土壤入渗率低、地下水位高的地区,一般用于雨水综合利用。这些雨水调蓄设施的设计应兼顾原本景观、休闲等功能,保证设施原有功能的发挥。

**5.4.3** 浅层调蓄池是在人行道、广场的铺装层或绿化种植土以下,在地下水位以上用人工材料堆砌成大小、形状不同的雨水调蓄空间。浅层调蓄池可以采用在地下埋设大口径玻璃钢管道(半管)、HDPE管道(半管)或组装式拼装箱涵等形式,形成足够的蓄水空间,具体设计应根据当地条件灵活选择。浅层调蓄池宜设置进水井,以便在运行维护过程中观察调蓄池的水位情况,指导运行;当浅层调蓄池用于雨水综合利用时,应设置取水口,收集的雨水一般用于绿化浇灌,可用绿化浇灌车上的吸水设备直接从吸水口取水。

为防止雨水中污染物质沉积造成板结从而影响浅层调蓄池的功能发挥,浅层调蓄池一般通过设置流槽或坡度等措施达到排泥的要求。

对于具有渗透功能的浅层调蓄池,一般在人工材料底部敷设级配碎石等渗水材料,以提高下渗速率。

两组调蓄池之间应保持一定间距,便于维护和检修。

**5.4.4** 下凹式绿地可用于源头调蓄和排涝除险调蓄。用于排涝除险调蓄的下凹式绿地下凹深度宜为 100 mm～250 mm,如果设置过浅,调蓄雨水的能力不够,达不到充分蓄渗雨水的功能;设置过深影响植被正常生长。绿地土壤的入渗率应满足现行行业标准《绿化种植土壤》CJ/T 340 的相关规定。

用于排涝除险调蓄的下凹式绿地宜根据周边道路和雨水系统的竖向规划设置多个雨水进水口,并设置格栅作为拦污装置,设置碎石区作为消能措施,避免雨水集中大流量冲刷绿地,破坏植被和土层。同时,下凹式绿地进水口的标高应根据汇水区域的标高合理设定,确保在雨水管渠尚有余力的情况下,地面径流不进入绿地,避免绿地调蓄频繁启用;当降雨超过管渠排水能力时,周边地面积水能及时流入下凹式绿地,避免汇水区域发生内涝。有条件的地区,下凹式绿地进水口的标高宜通过数学模型模拟计算确定。

用于排涝除险调蓄的下凹式绿地是在周边雨水系统超载的情况下运行,因此可不设置溢流设施,而应在绿地低洼处设置出流口。与出流口相连的出水管标高应高于下游排水通道的标高,以便周边雨水系统有排水余量时,下凹式绿地内的积水可通过出流管排放至下游排水通道,避免下凹式绿地长时间受淹。

**5.4.5** 下沉式广场调蓄设施是利用广场、运动场、停车场等空间建设的兼用调蓄设施,设置的主要目的以削峰为主,调蓄超出雨水管渠排除能力的雨水径流、防治内涝发生。通过和城镇排水系统的结合,在暴雨发生时发挥临时的调蓄功能,提高汇水区域的排水除涝标准。无降雨或小雨期间,广场发挥其自身功能。

用于排涝除险调蓄的下沉式广场的专用入口标高过低,将造成下沉式广场频繁进水,增加运行维护的难度和成本;专用入口标高过高时,周边地面积水将不能及时地流入下沉式广场,无法有效控制周边地区超出管渠排除能力的雨水径流。有条件的地区,下沉式广场专用入口的标高宜通过数学模型模拟计算确定。同时入口应设置格栅等拦污装置,以防止雨水对广场空间造成冲刷侵蚀,并减少污染物随雨水径流汇入广场。

根据下沉式广场的调蓄雨量,广场底部标高和下游管渠的设计水位标高,可确定采用重力或水泵排空方式排空积水。本标准第5.2.9条给出的排空时间计算方法是按照出口自由出流考虑的,未考虑下游雨水管渠水位的顶托影响。因此,下沉式广场实际排空时间可能高于设计排空时间(2 h)。

**5.4.6** 应充分利用公园内绿地和水体等发挥调蓄功能,同时可与生物滞留设施等结合使用,发挥更大的调蓄功能。

**5.4.7** 目前本市有建设在广场空地上的可拆卸的小型地上雨水调蓄设施的试验。平时调蓄池的池壁和构件预埋在地下,不影响广场空地的停车功能;发生超标暴雨时,池壁可以快速搭建用于雨水调蓄。

**5.4.8** 利用绿地、广场建设的兼用雨水调蓄设施包括下沉式广场和利用公园中绿地广场等开放空间建设的雨水调蓄设施。这些调蓄设施和可拆卸的小型地上雨水调蓄设施都只在降雨时发挥作用,平时发挥绿地、广场的原有功能。为了避免行人、车辆在暴雨调蓄时误入,保障人员安全,这些设施应设置疏散通道、警示牌提醒和预警预报系统,标明该设施发挥调蓄功能的启动条件、可能被淹没的区域和目前的功能状态,同时在暴雨调蓄期间应启动预警预报系统,便于人员、车辆疏散。

## 5.5 内河内湖调蓄工程

**5.5.1** 暴雨径流经内河内湖调蓄后,河网出流过程洪峰坦化,可有效降低排涝模数。因此,应合理确定调蓄规模,充分发挥内河内湖调蓄功能。

内河内湖调蓄量可采用河网水力试算法或静态库容排涝调蓄计算法确定。通过假定不同的泵站规模、排涝河道规模、水闸规模,设定边界条件、起调水位等,进行不同规模不同方案组合计算,得到河道各断面设计高水位,确定合理的工程规模,明确预降(起调)设计水位、最高设计水位、调蓄库容等参数,并结合城镇水景观要求综合考虑。

5.5.4　在具有调蓄功能的内河内湖周边进行滨水开发建设时,跨河(湖)桥梁、人工岛、亲水平台、滨水栈道、游船码头等涉水构筑物如无序规划,往往会大幅侵占调蓄库容,而调蓄水位以上的库容又无法通过挖深河底、湖底进行补偿,会明显降低内河内湖调蓄功能,从而抬高河湖的最高水位,影响排水除涝安全。因此,规定在具有调蓄功能的内河、内湖开展涉水构筑物建设时,必须对构筑物占用调蓄库容造成的排水除涝影响进行科学论证,并提出工程措施和对策。

5.5.5　内河内湖护岸、护坡设计应符合水利规划,并在用地条件允许的前提下,采用斜坡式生态护坡断面。针对调蓄水位变动的情况,根据现行国家现行标准《堤防工程设计规范》GB 50286 等相关规范复核护岸、护坡结构的稳定性。雨水管渠出水口需采取防冲、加固等措施。

5.5.6　根据内河内湖水质保障的要求,在雨水径流污染较严重的区域,宜通过构建生态护坡和陆域缓冲带等生态措施对雨水中的污染物阻截和净化,削减进入内河内湖的雨水径流污染。生态护坡的材料应根据河道的除涝、航运、引排水、连通、生态等功能要求,结合内河内湖的水文特征、周边地块的开发类型、可利用空间、断面形式和景观需求等选用,并满足结构安全、稳定和耐久性等相关要求。陆域缓冲带包括陆生植物群落和布设在其中的人工湿地、下凹式绿地、植草沟等设施。应尽量保留和利用原有滨岸带的植物群落,地被植物应选择覆盖率高、拦截吸附性能好的物种。

## 5.6  应急削峰调蓄设施

5.6.1  应急削峰调蓄设施的启用频率较低,从有效利用土地价值和经济性的角度出发,宜结合绿地、广场、非重要的低洼道路、地下车库、退序的单建式人防设施和水体等设置。平时以原有功能为主,发生超标暴雨时启用应急削峰调蓄功能,削减降雨径流。降雨过后排空,不影响原有功能的正常使用。

5.6.3  应急削峰调蓄设施在暴雨时,改变了原有设施的功能,为了保证应急削峰调蓄设施的安全使用、保证人员的生命安全,应采取安全措施。

应设置安全警示标牌,告知民众调蓄设施启用时的危险性。安全警示标牌应标明应急削峰调蓄的目的、应急削峰调蓄设施的平面图、淹没和禁止进入的区域等注意事项,标牌内容要清晰明了、易于理解,标牌需采用坚固、不易破损的材料。

启用应急削峰调蓄前,应设置逃生通道,以便疏散人员,需清晰地指示逃生路线。为了让幼儿、老人、使用轮椅的人员也能够安全避难,逃生通道需对路径、台阶、坡度进行综合考虑。

应急削峰调蓄设施使用时,可以通过防护网、临时围挡、绿植等围护设施防止车辆和人员误入。

## 5.7  电气和自控

### Ⅰ  电  气

5.7.3

1  进水闸(阀)设应急电源是为了确保雨水调蓄设施进水闸(阀)关闭的可靠性。地下式调蓄设施为了防止淹没,进水闸(阀)需要设置应急电源。地上式调蓄设施以及采用速闭闸的地下式调蓄设施,可设置应急电源。

2 为了确保人员或车辆疏散的便利,兼用调蓄设施和应急削峰调蓄设施的预警预报系统、应急照明和疏散指示等应设应急电源。

5.7.4 电气设备优先选用性能可靠、节能环保、紧凑型成套化设备,减少维护检修工作,减少占地面积,降低工程造价。

5.7.5 电气设备宜布置在地上。根据工程条件,不具备布置在地上时电气设备可布置在地下,应根据环境和布置条件选用适当的设备,同时在建筑布置、进出通道、管线进出孔洞等采用防淹防潮措施。

5.7.6 为实现"碳达峰、碳中和"目标,可充分结合雨水调蓄设施的场地空间布局,设置分布式光伏发电系统与储能消纳一体化应用装置,在充分发挥雨水调蓄设施功能的基础之上,提高可再生能源的渗透比例与消纳能力,实现雨水调蓄设施的绿色低碳运行。

Ⅱ 检测和控制

5.7.7 雨水调蓄设施可为单一工程或多个工程的组合,单一的绿地和广场调蓄设施及内河内湖的运行管理较为简单,检测和控制的内容以及实现的功能可适当简化。

5.7.8 雨水调蓄设施控制模式建议均按照"无人值守"的方式考虑,所有设备均可实现就地无人化、自动化、智能化控制,可实现"远程监管、定期巡检"的目的,雨水调蓄设施可在主管部门信息平台实现远程监控和管理,达到正常运行时现场无人值守,管理人员定时巡检。若近期无法实施"远程监管",应预留相应扩展接口。

5.7.9 其他排水工程是指泵站、雨水管渠、合流污水管道等工程。与泵站、雨水管渠、合流污水管道等工程合建的雨水调蓄设施控制模式、自动化控制系统结构、安防系统构成应结合泵站、雨水管渠、合流污水管道等工程统一考虑。

**5.7.10**

**1** 雨水调蓄设施出水设施和调蓄管道关键节点宜设置流量检测。流量计量宜优先采用电磁流量计,当电磁流量计在安装和使用上有困难时(如非满管、非圆管等),可以采用相关法超声波流量计、多普勒超声波流量计或明渠流量计等。若无法设置流量计时,亦可采用泵排测量、容积法测量等测量方法。调蓄管道关键节点是指调蓄管道总管流量变化较大的位置、调蓄管道与多处截流设施相连的位置、主要进水管道与调蓄管道相连的位置等。

**2** 液位检测宜采用超声波/雷达液位计;当设置超声波/雷达液位计有困难时,宜采用投入式静压液位计。雨水调蓄设施液位主要设置在进水井、放空泵集水井、池体等处。调蓄管道重要节点是指闸门井、透气井等处。液位检测没有条件采用市电的地方,可采用太阳能、锂电池等供电方式。

**3** 污染控制调蓄设施水质在线监测项目宜为 SS、ORP、$NH_3$-N、COD。SS、ORP 性价比高,运行维护成本较低;$NH_3$-N、COD 建设成本高,运行维护成本较高。因此,水质在线监测的项目需要根据工程规模、重要程度以及运行管理的要求来确定。水质在线监测仪表以易维护、低成本为原则,安装位置应保证监测准确性。宜选用电极法传感器,投入式安装,可以考虑设置升降式安装支架,便于维护。与泵站合建的雨水调蓄设施,水质在线监测仪表宜设置在泵站内。

**5.7.11**

**1** 根据水泵类型设置温度、泄漏、有线绝缘监测设备,监测泵机绝缘运行状态数据。根据运行管理需求,可在水泵泵机上设置转速和振动监测设备,通过上位软件系统进行分析,实现水泵状态的实时诊断。

**2** 冲洗装置根据液位来实现雨水调蓄设施的冲洗,宜设置液位监测设备,可根据运行管理需要设置视频监视设备,观察冲洗效果;除臭有洗涤法、离子法、化学吸附法、生物法等多种工艺,根据实际选用一种或多种组合式除臭工艺来配置监测设备,一般除臭装置进出口及工艺组合段间宜配置 $H_2S$、$NH_3$ 等仪表,酸碱投加宜配置 pH、流量仪表。

**3** 变配电设备综合监测系统包括变配电设备无线测温、高压送电和缺相测量、电压偏移、开关柜门状态等监测项目。

**5.7.12**

**1** 雨污水在密闭空间中储存一定时间后,易产生有毒有害气体,主要包括厌氧反应产生的 $H_2S$、$NH_3$、$CH_4$ 等气体。因此,为确保安全,设计人员应根据调蓄的水质特点和调蓄设施的空间设计特点,在分析调蓄设施可能产生有毒有害气体区域的基础上,在易形成和聚集有毒有害气体的密闭区域(如设置于室内的格栅间、池内、检修通道等)应设置固定式有毒有害气体检测报警设备,同时还需配置便携式有毒有害气体检测设备。由于调蓄设施内环境恶劣,容易造成固定式气体检测设备探头失效,因此,设计中可考虑采用气体管路取样方式进行检测。气体管路取样点设置于需要检测的位置,有毒有害气体检测设备可以设置在安装条件好且便于仪表维护的区域。

**2** 地下式调蓄设施通风不良时除了容易引起 $H_2S$、$NH_3$、$CH_4$ 气体聚集外,还会导致氧气浓度减小,温湿度增加,导致人体不适。因此,在设备层、人员活动的区域设置 $H_2S$、$NH_3$、$CH_4$ 监测仪表外,还需设置环境监测仪表,包括氧气($O_2$)、温湿度,同时在地下式调蓄设施的出入口设置 $H_2S$、$NH_3$、$CH_4$、$O_2$ 等报警显示装置,高限值时应声光报警,超高限值时应强制开启通风设施。

**3** 调蓄设施为具有独立围界的设施时,应在靠近居住区、商务区的边界设置 $H_2S$、$NH_3$ 等在线监测设备;调蓄设施为无独立围界、开放式的设施时,宜在臭气敏感点(指透气井、检修口、人员活动区域等)设置 $H_2S$、$NH_3$ 等在线监测设备;除臭装置排气筒宜设置 $H_2S$、$NH_3$ 等在线监测设备,监测除臭装置处理效果和排放情况。甲硫醇、臭气在线监测设备应根据调蓄设施运行管理要求及周边居民对雨水调蓄设施的敏感程度酌情设置。

**5.7.13** 形式简单、设备数量少的雨水调蓄设施可不设置信息层,由上级信息平台进行监控;大型雨水调蓄设施可设置信息层,便于操作人员进行监控。

信息层的作用是实现数据的集中收集、处理和整理,实现监控与监测、数据采集与处理、控制调节、运行管理、人机接口、数据上传等功能。应设置工业级监控工作站、数据库服务器、打印机、交换机等。大型调蓄池可设置信息层,便于操作人员进行监控。信息层设备设在调蓄池控制室,宜采用具有客户机/服务器(C/S)结构的计算机局域网,网络形式宜采用 10/100/1 000 M 工业以太网。

控制层的作用是完成现场设备的监测与控制命令的执行,设备监控与监测、设备控制和联动控制等功能。按照调蓄池规模大小设置 PLC/RTU 及控制柜、触摸式显示屏或工业计算机等。控制层由一台或多台负责局部控制的 PLC 组成,相互间宜采用工业以太网或现场工业总线网络连接,以主/从、对等或混合结构的通信方式与信息层的监控工作站或主 PLC 连接。形式简单、设备数量少的调蓄池可设置 RTU 控制装置。

现场层是所有现场仪表和自动化设备的集合,实现各种数据的采集。应根据功能及规模大小选择相应的仪表及受控设备,一般包括液位、流量、雨量、$H_2S$、水质参数、水泵、闸门、除臭装置等各种设备工况及泵站电气参数的检测等。设备层宜采用硬线电缆或现场总线网络连接仪表和设备控制箱。

**5.7.14**

**2** 围墙上的周界系统可采用电子围栏,或根据业主需要采用物理性防范措施(如钢结构围挡等),大门上方设置红外报警装置。

**3** 门禁装置主要设置在地下雨水调蓄设施出入口、变配电间、控制室、值班室等人员进出门处,设备进出门可不设置门禁装置;可视对讲系统应包括大门可视对讲终端、控制室主机及上级信息平台控制终端,上级信息平台具有远程开启大门的功能。

**4** 感烟报警系统应与门禁、视频系统联动,一旦有火灾产生,感烟探测器触发报警信号后,门禁应自动失电,并开启相关区域的监控摄像机。

**5** 安全报警器可由 PLC 现场控制站以开关量方式进行驱动,可根据雨水调蓄设施有毒有害气体的测量值进行控制,高限值时安全报警器应声光报警,超高限值时应强制开启通风设施。智能语音系统主要设置于调蓄池、配电间、围墙、大门等区域,由定制语音播放器及感应语音播放器组成。紧急报警按钮主要设置在值班间、配电间、泵房间等区域,当紧急报警按钮发出报警信号时,应开启相关监控摄像机,报警信息上传至上级信息平台。

**5.7.15**

**1** 雨水调蓄设施可以采用智能化手段实现现场液位、多功能电量数据的智能视频识别,对现场液位计、电量测量表计进行差异性比对,保证雨水调蓄设施主要运行参数的真实性,为运行管理及安全管理提供有效基础支撑。

**2** 雨水调蓄设施可以采用智能化手段实现对周界区域外部人员非法入侵情况、主要道路人员行踪情况、对进入配电间等高危区域人员情况进行动态侦测,联动现场智能语音装置输出相关报警语音,威慑或提醒相关人员。

**3** 智能照明系统主要控制区域包括道路、值班间、配电间等处。设置视频监控的地方,环境照度应符合现行国家标准《民用建筑电气设计标准》GB 51348 的有关规定。

**4** 雨水调蓄设施可以根据运行管理需求,运用智能化巡检手段,减少人员劳动强度,保障人身安全。如调蓄池、配电间等场所,可根据需要采用智能巡检机器人系统,用于巡视雨水调蓄设施运行状况。

**5.7.16** 城镇公共雨水调蓄设施是指由政府相关行业部门运行管理的调蓄设施。监测上传信息主要包括：设施液位、流量、水质等运行参数；水泵、冲洗装置、除臭装置、变配电系统等设备运行状态信号；视频监控、可视对讲、安全报警等安防数据。

## 5.8 通风除臭

### Ⅰ 通 风

**5.8.1** 当采用封闭结构的调蓄池时，需要设置送排风设施，并合理设置透气井或排放口，通风系统宜与除臭系统结合考虑。平时运行以除臭系统运行为主，保持进出水期间池内气压平衡，详见本标准第5.8.7～5.8.10条的要求。日常维护和人员检修时，为满足人员进出空气安全要求，应开启通风系统。固有通风系统尚不能满足人员进出空气质量要求时，宜增设移动式通风装置。当污染物浓度监测和有毒有害气体爆炸极限报警时，应保障有毒有害气体的有组织排放，启动事故通风系统。

在分析池内可能产生的有毒有害气体浓度的基础上，送排风设施的设计应满足：在调蓄池进水和放空时，池内气压平衡；人员进入前，池内 $H_2S$、$NH_3$ 等有毒有害气体的浓度不对人员安全造成威胁；当调蓄池内储存有雨污水时或放空后，池内 $H_2S$、$CH_4$、甲硫醇等有毒有害气体的浓度低于爆炸极限。

**5.8.4** 除了污染控制调蓄池内可能存在毒有害气体之外，加药间存放的有些水处理药剂也可能释放有毒气体、有爆炸危险气体，因此根据相关要求在加药间或者暂存间设置事故通风系统。根据现行国家标准《工业建筑供暖通风与空气调节设计规范》GB 50019 的规定，事故通风系统的换气次数应为 12 次/h。事故通风系统可与平时通风系统或除臭系统合建，也可增设移动式事故通风机，但风机都需要考虑防爆接地措施。

# Ⅱ 除 臭

**5.8.7** 合流制系统内的调蓄池和分流制污染控制调蓄池多采用地下封闭结构,一般会根据需要设置透气井或排气口,将进水时池内气体排至池外。当调蓄池进水时,透气井井口或排气口会有臭气排出,同时室外季节风产生的空气扰动也会使臭气排出,会对周边环境造成不良影响。因此,规定在其透气井井口或排气口处设置臭气收集和除臭设施,避免臭气散逸。

**5.8.8** 调蓄池的设计进水时间一般为 0.5 h~1.0 h。调蓄池在进水过程中会排放相应体积的臭气,因此除臭设施处理量宜按每小时处理调蓄池容积 1 倍~2 倍的臭气体积考虑;环境敏感地区有特殊要求时,应在通风系统的设备上设置应急除臭装置,风量应结合通风系统的换气次数确定。

目前雨水调蓄池常用的除臭工艺有洗涤法、离子法、化学吸附法、生物法等,各有特点。选择除臭工艺时,应考虑调蓄池间歇运行的特点,选择处理效率高且能间歇运行的工艺。日本调蓄池的除臭多采用活性炭吸附,但活性炭效果受湿度影响大,活性炭需要定期更换,且吸附臭气后的活性炭作为危废处理,运行维护费用相对较高。

目前新的除臭工艺不断出现,化学洗涤法或水洗涤法在本市排水泵站除臭中广泛应用。吸附工艺的材料新增了干式化学滤料等,使用后的滤料需要评估处置方式。离子法包括等离子法、UV 光解法、光触媒法等类型,适用于用地紧张、臭气浓度变化大的工况,是目前排水泵站的主要除臭工艺。离子法选择时应确保激发离子与臭气不得直接接触,以免在有毒有害气体浓度积聚至爆炸极限时引发爆炸。

**5.8.9** 调蓄管道除在竖向进水井处设置透气井或透气装置外,在各管段的高点和流态急变处均需设置排气装置,直线段上约 1 km~2 km 设 1 处透气井。

由于受限用地条件,透气井现场难以保障连续供水供电,因此调蓄管道沿线除臭装置一般占地较小,采用无动力吸附型除臭工艺,暂无适用的排放标准。对于环境敏感度高的区域,可采用源头加药除臭工艺。设置提升泵站的调蓄管道,其除臭工艺可参考调蓄池或排水泵站。

调蓄管道一般会设置多座透气井,而且透气井布置分散,调蓄管道运行过程中排气量随入流量变化较大。除臭装置的风量应考虑安全系数,安全系数取值按照本标准第3.1.4要求。有条件时,应采用数学模型校核透气井排气量。

**5.8.10** 为减少调蓄池对附近活动人群的影响,规定调蓄池臭气经处理达标方可排放。

# 6 施工和验收

## 6.1 土建施工

**6.1.1** 软土地层、地下水位高、承压水水压大、易发生流砂、管涌地区的基坑,应加强对降(排)水系统的检查和维护,确保降(排)水系统有效运行。

**6.1.5** 湿塘、生物滞留设施、浅层调蓄池等具有渗透功能的设施的渗透能力依赖于场地土壤的渗透能力和地质条件。因此,在上述设施施工安装时不得损害自然土壤的渗透能力。此外,对于渗透设施的施工,应符合现行国家标准《建筑与小区雨水控制及利用工程技术规范》GB 50400 的相关规定。

## 6.2 安装工程

**6.2.2** 整机安装的设备和驱动装置等部件,不得任意拆装。大型设备,诸如大型水泵等为便于运输而允许按部件在现场组装的设备,应按产品技术文件的规定连接。

**6.2.3** 在线检测仪表的安装位置和方向会对检测精度产生影响,应严格按设计要求和仪表说明书进行安装。

**6.2.4** 控制柜正常运行和使用寿命受外部环境条件影响较大,因此控制柜安装位置应充分考虑外部环境因素的影响。

## 6.3 质量验收

**6.3.2** 具有调蓄功能的海绵设施的断面形式、面积、尺寸、高程等应满足设计要求,施工方式、允许偏差、验收项目等按上海市工程建设规范《海绵城市设施施工验收与运行维护标准》DG/TJ 08—2370 的相关要求执行。

**6.3.3** 雨水综合利用管道工程应严防与给水管道工程混接,避免污染饮用水,保证供水安全。

**6.3.5** 雨水渗透设施的渗透能力是保证渗透性雨水设施的重要功能指标,应在施工后进行渗透能力验收。

# 7 运行维护

## 7.1 一般规定

**7.1.1** 为了保证雨水调蓄设施的安全、稳定运行,运行管理单位应根据不同雨水调蓄设施的特点建立相应的规章制度和操作手册,制定岗位责任制、设施巡视制度、运行调度制度、设备管理制度、交接班制度、设备操作手册、维护保养手册和重要设施设备故障等事故发生时的突发事故应急预案。根据实际情况和要求,定期对规章制度和操作手册和事故应急预案进行更新。

**7.1.4** 宜根据调蓄工程不同的功能,进行针对性的效果评估。效果评估内容应包括提高排水系统排水能力、减少内涝发生次数、削减溢流水量、溢流和径流污染、改善受纳水体水质等方面。

用于控制径流污染的雨水调蓄工程在汛期、非汛期和全年等不同运行时期,其对削减溢流水量、削减溢流和径流污染和改善受纳水体水质的贡献受到降雨强度、前期晴天数、旱流污水量、河道本底水质等多种因素影响,分不同时期进行评价,有利于全面掌握雨水调蓄工程运行效能,为进一步优化和提高雨水调蓄工程效能提供依据。

## 7.2 运行模式和控制

**7.2.1** 排水系统的运行情况是指在降雨条件下,排水管渠和泵站运行水位等情况。河道水位情况是指降雨期间各河道受降雨影响,水位的变化情况。

**7.2.4** 由于调蓄池进水时一般为非满管,会导致流量计测量不准确。因此,进水流量可以通过记录水位得到,也可以通过记录进水水泵的额定流量、运行台数和运行时长大致估算进水流量和调蓄量。

**7.2.5** 受下游排放条件限制,雨水调蓄设施应在下游排水管渠或下游河道水位允许的情况下及时开启放空模式,以避免因放空不及时或放空不彻底造成雨水调蓄设施不能连续使用,甚至造成有毒有害气体集聚而产生爆炸风险。为提高放空效率,采用重力放空时,应记录放空时间和雨水调蓄设施放空前后的水位,确定合理的开启水泵排空模式的水位。

**7.2.7** 本条也适用于建设在广场上的可拆卸的小型地上雨水调蓄设施。

**7.2.9** 为充分发挥调蓄功能,内河内湖应根据降雨预报和防汛防台专项应急预案,协调好水利片区与片区圩区内河内湖的调度,在降雨前预降水位,服从防汛统一调度安排。

### 7.3 维护和管理

#### I 检查维护

**7.3.1** 雨水调蓄设施检查维护记录内容应包括检查记录、维修记录及事故处理记录等文字记录及计算机文档记录。调蓄池的清淤可结合每季度的日常检查维护进行。

**7.3.3** 调蓄池运行环境对相关设施设备易造成腐蚀和故障,对进出水水泵、真空泵、闸门、自动化控制系统、水质水量气体监测系统、除臭设备等核心设备、设施进行维护和记录,可保障雨水调蓄设施正常运行。

调蓄池的易燃易爆、有毒有害气体报警器等强检器具,应由具有相应资质的计量监督部门按其检测周期进行校验和检定,并应按相关规定执行。

**7.3.4** 汛前的清淤维护有利于保障汛期设施有足够的调蓄空间

和下渗能力。

在汛中,当发现进水不畅时,应及时清理进水口附近的垃圾和沉积物。当采用下渗方式排空的浅层调蓄池难以在48 h内排空时,建议通过排泥检查井进行清淤。

**7.3.5** 特别是在每年汛期前,应加强对条文规定的兼用设施进水口、进水格栅、前置塘和溢流口等进行检查;必要时,应对设施进行清淤,保障汛期设施的正常运行。在汛期,每次设施使用后,应进行杂物打捞,对于用于雨水综合利用的兼用设施还应加强水质维护管理,保障供水安全和景观效果。

**7.3.7** 调蓄池的机电设备能否正常运行,或能否发挥应有的效能,除设备本身的性能因素外,很大程度上取决于对设备的正确使用和良好维护。因此,应建立健全相关机制,保证调蓄池机电设备能得到良好的维护和保养。

在停电、调蓄池超负荷进水等突发事件的情况下,调蓄池运行和管理单位应根据情况,制定突发事件情况下保障调蓄池基本功能的应急措施和相应的预案执行程序。

**7.3.8** 用于调蓄的内河内湖的维护可参考上海市水务局发布的《上海市中小河道综合整治与长效管理导则》SSH/Z 10008和《上海市河道维修养护技术规程》DB31 SW/Z 027的相关规定。

## Ⅱ 生产安全

**7.3.11** 本条根据上海市水务局《关于贯彻"有毒有害危险场所作业安全管理规定"的实施意见》(沪水务〔2007〕116号)和上海市排水管理处《关于加强上海市排水设施维护潜水作业安全管理的通知》(沪排管〔2014〕124号)的相关要求制定。

**7.3.12** 调蓄池和调蓄管道作业可能存在下列有限空间危险因素:存在下井坠落风险;存在$H_2S$、$CO$等有毒有害气体,易发生中毒事故;存在窒息性气体或者缺氧环境,易发生窒息事故;存在易燃易爆等可燃性气体,易引发火灾和爆炸等事故;作业空间内湿度较大,易发生电气设备漏电触电事故;作业空间内温度较高或者较低,作业人员不宜长时间作业。有限空间作业方案应包括作业人员及其职责分工、存在风险及管控措施、作业程序、时间、操作规程适用及应急处置措施、相关设备和防护用品保障等内容。

**7.3.13**

**2** 现场负责人、监护人员和作业人员分别履行下列职责:现场负责人负责作业全过程的组织指挥,确认作业环境、作业程序、防护设施、作业人员符合要求,对作业人员进行安全交底和警示教育,维护作业现场周边环境,动态掌握整个作业过程存在的危险因素和可能发生的变化,发生异常情况时,有权立即决定终止作业,迅速撤离作业人员并组织救援。监护人员应掌握有限空间作业危险因素;地上监护人员不得少于2人,进入地下有限空间作业时,池室内应设置专人呼应和监护,监护人员严禁擅离职守,始终与作业人员保持有效的信息沟通,发现异常情况时,立即向作业人员发出撤离警报,必要时立即呼叫应急救援,并按照应急救援预案或者现场处置方案实施紧急救援。作业人员应了解作业的内容、地点、时间、要求,作业过程中的危险因素和应当采取的防护措施,遵守操作规程,正确使用安全防护设施并佩戴好个人防护用品,与监护人员始终保持信息沟通,熟练掌握应急救援措施。

**3** 作业所需的安全防护器具和用品包括安全背带、安全绳、气体/氧气分析设备、隔绝式呼吸防护用品、手套、面罩和防护服等。在存在中毒窒息风险地下有限空间内作业,应佩戴符合国家标准或者行业标准的隔绝式呼吸防护用品;作业人员应接受相应的培训和训练,学习如何正确穿戴;如使用呼吸仪器,还应注意气压仪的读数,确保压缩气瓶或氧气瓶在使用前有足够的空气或氧气。在易燃易爆地下有限空间内作业,应穿着防静电工作服和防静电工作鞋,使用防爆型低压灯具和防爆工具。

**7.3.15** 有限空间作业安全管理培训内容主要有:地下有限空间

的类别、数量、分布、危险因素及管控措施等基本情况;地下有限空间作业各项安全管理制度;地下有限空间作业程序、操作规程;有关设备、检测仪器、劳动防护用品的正确使用方法;紧急情况下的应急处置措施。

**7.3.16** 由于在地下结构或管渠等有限空间中工作具有较大的潜在危险性,因此在雷暴雨预警、洪水预警、台风预警、塌方预警等预警信息发出后,作业人员不应进入地下密闭空间工作,以确保作业人员的人身安全。

**7.3.17** 安全标识可标注有限空间名称、编号、危险因素及管控措施、管理责任人、应急装备和器材、禁止事项等信息。为了保证安全标识和警示牌(板)的清晰,还应定期对安全标识、警示牌(板)进行检查维护。